广西全民阅读书系

广西全民阅读书系

［美］乔治·伽莫夫 著

李晓滢 译

地球简史

中学版

广西出版传媒集团　广西科学技术出版社

图书在版编目（CIP）数据

地球简史 /（美）乔治·伽莫夫著；李晓滢译．
南宁：广西科学技术出版社，2025.4. -- ISBN 978-7
-5551-2502-0

Ⅰ. P183-49

中国国家版本馆 CIP 数据核字第 2025 BK 1184 号

DIQIU JIANSHI
地球简史

总 策 划　利来友

监　　制　黄敏娴　赖铭洪
责任编辑　韦贤东
责任校对　何荣就
装帧设计　李彦媛　黄妙婕　杨若媛　韦娇林
责任印制　陆　弟

出 版 人　岑　刚
出　　版　广西科学技术出版社
　　　　　广西南宁市东葛路 66 号　邮政编码　530023
发行电话　0771-5842790
印　　装　广西民族印刷包装集团有限公司
开　　本　710mm×1030mm　1/16
印　　张　14.5
字　　数　181 千字
版次印次　2025 年 4 月第 1 版　2025 年 4 月第 1 次印刷
书　　号　ISBN 978-7-5551-2502-0
定　　价　38.00 元

前言

致亚瑟·霍姆斯教授

22 年前，我撰写了一本名为《地球传记》的书，书中系统梳理了与地球相关的天文学、地质学和生物学知识。该书问世后多次再版，不仅推出袖珍版本，还为欧洲及亚洲战场的军队发行了特制版。这本书被翻译为多种语言，销往世界各地。

1959 年，维京出版社邀请我对该书进行修订以适应新版印刷需求。然而受制于出版成本，该书的修订工作并不顺利。尽管我已尽力完善，但正如仅靠涂抹口红和扑粉难以让迟暮美人重焕青春一样，该书的修订版问世后就遭到诸多尖锐批评，尤其是著名地质学家亚瑟·霍姆斯在《自然》中将其称为"地球历史的大杂烩"。我不得不承认，这些批评在诸多方面确实有一定的道理。

对我而言唯一的解决办法就是坐下来用心彻底重写此书，仅保留原版中未被推翻的事实与理论，并以一个全新的书名面世。此书成稿之际，我很乐意将其献给霍姆斯教授——自从他发表评论后，我们一直保持着友好的书信往来。

乔治·伽莫夫

1963 年

目 录

第一章
地球的诞生

古老的传说

从史前时代开始，人们就已经好奇他们所居住的世界是怎么回事儿了。人们会讲很多关于世界是怎么创造的故事，而这些故事通常和他们当时的宗教信仰有关。

根据亚述－巴比伦的版本，故事是这样的：马尔杜克是淡水之神伊亚的儿子，他和代表混沌的母龙提亚马特打了一场大战。马尔杜克打败了提亚马特的丈夫金固及其手下的 11 个怪物；随后，他在战斗中杀死了提亚马特。马尔杜克把提亚马特的身体切成两半，用一半做天空，另一半做地球。接着，马尔杜克把金固和那 11 具怪物尸体围成一个大圆圈，绑在天空上，这样就形成了黄道十二宫，还让月亮和行星沿着那条圆带移动。同时，马尔杜克的父亲伊亚用金固的血造了一个人，让他住在新创造的世界里。

根据埃及的神话故事，世界的创造是从太阳神阿蒙－拉开始的。原始海洋表面长出一朵莲花，阿蒙－拉诞生其中。阿蒙－拉有 3 个孩子：一个叫努特的女孩，还有两个男孩，一个叫舒，另一个叫凯布。

有一次，舒发现他的兄妹被缠绕在混乱中，为了把他们分开，舒把努特的身体高高举起，这样凯布在下面就可以伸展身体了。于是，努特变成了天空，凯布变成了大地，舒则变成了把天地分开的空气。

印度的《吠陀经》里讲的创世故事没那么具体，而是更抽象一些。故事说的是，最初的世界既没有生物也没有非生物，既没有空气也没有天空，既没有死亡也没有永生，既没有夜晚也没有白天。没有东西能拯救有呼吸的生物或是没有呼吸的事物。通过禁欲的力量，也就是生物和非生物这第一个对立面，产生了积极的能量和消极的物质。后来，欲望——思想的萌芽产生了所有的后续发展。

著名古希伯来版本的创世故事：起初上帝耶和华创造了地球，但那时地球还无形无状，混沌空虚；接着耶和华创造了天空，称之为天堂，并命令天下的水汇聚一处，旱地显露在水之间；在此之前他已创造了光，并把光分配给了新创造的天体，如太阳、月亮和星星。

奇怪的是，希腊神话虽然与奥林匹斯众神密切相关，但里面并没有创世故事。居住在奥林匹斯山，还有比山高的土地上的神都被看作是永生的。这个观点可以看作是现代稳态宇宙理论的前身，稳态宇宙理论认为宇宙一直都存在[1]。

海洋的年龄

要弄清地球的年龄，可以想想为什么海水这么咸。如果地球在形成的时候温度很高，那所有的水肯定都在大气中以水蒸气的形式存在，直到地球表面温度降到水的沸点以下，才以倾盆大雨的形式降下

---

[1] 稳态理论的批判性分析可以在作者的书《宇宙的创造》中找到。关于这一理论的近期讨论可以查阅 1962 年出版的《大英百科全书》中的《当今的伟大思想》，其中有作者的相关文章。

来。我们知道雨水里面是没有盐分的，所以可以推断，海洋刚形成的时候，里面的水肯定是淡水。

那后来海洋里怎么会有这么多盐分？答案是海水中的盐分是河流带来的。落在大陆表面的雨水是淡水，但是当它顺着山坡流下来的时候，会侵蚀地表的岩石，冲走岩石上的少许盐分，并把盐分带进大海。河水里的这点盐分让水喝起来味道还不错，你要是喝过化学上的纯净蒸馏水就会知道，那味道其实不太好。每天有数万亿吨的水从海洋表面蒸发，溶解在水里的盐分就留在了海洋里。大气中的水蒸气凝结成云，大部分又落回到大陆。淡水以雨水的形式再次落下，回到大海的路上又溶解了更多的盐分。就这样，水在不停地循环，而盐分却只往一个方向移动，即从大陆到海洋，慢慢地，海水就越来越咸了。

如果我们知道了现在海水里溶解的盐分总量，还有每年河流带来的盐分量，那么我们就可以通过简单的除法计算出河流要多久才能把海水的盐度从 0 提高到现在约 3% 的水平。不过，用这个方法算出来的海洋年龄其实不太准确。首先，在过去的地质时代里，侵蚀速度可能和现在不一样。实际上，我们知道在过去有很长一段时间，大陆大多是平原，老的山脉已经被冲刷掉了，新的山脉还没形成，此时侵蚀速度较慢，每年河流带入海洋的盐分也较少。另外，我们也不能确定自海洋形成以来，河流带进来的所有盐分现在是否都还在海里。可能有大片的水域被切断了和大海的联系（例如现在的大盐湖），然后水分慢慢蒸发，形成了大量的岩盐沉积物。因为这两个因素有很大的不确定性，所以用这个方法计算海洋的年龄只能得到大概的结果，任何基于它计算出的确切数值都要保留疑问。但是，如果我们对过去的侵蚀速度和在形成固体沉积物过程中丢失的盐分量做一些最合理的假设，我们可以得出结论：海洋的年龄肯定有几十亿年了。

岩石的年龄

估算地球年龄更精确、更靠谱的方法是研究在地球地壳的大多数岩石里的放射性物质，即使这些放射性物质的含量很低。像铀和钍这类放射性元素的原子本身是不稳定的，它们会慢慢地衰变成越来越轻的元素的原子，最后变成稳定的铅的同位素。

通过直接实验，人们发现放射性物质的活动会随时间的推移而减少，而且不同种类的放射性同位素衰变的速度也不一样。一个特定的放射性物质里一半的原子衰变所需要的时间，称为半衰期。例如，铀 –238 的半衰期是 45 亿年，而钍 –232 的半衰期是 140 亿年。要把铀或钍的初始量减少到原来的 1/4，需要的时间是半衰期的 2 倍；要减少到原来的 1/8，需要的时间是半衰期的 3 倍。铀 –238 和钍 –232 衰变的最终产物分别是铅 –206 和铅 –208。所以，测算任何一块岩石中剩下的铀和钍的量和由它们衰变产生的铅同位素的量的比例，我们就能得知这块岩石的年龄。实际上，在炽热的地球内部，由放射性元素衰变产生的铅同位素可以和母体物质在流动的物质中分离开来。然而，一旦这些物质因为火山爆发来到地表并固化，新产生的铅同位素就会留在它形成的地方，它的相对量就清楚地告诉我们从那块岩石固化以来过去了多少年。

准确得知在我们地球历史上不同地质时代形成的火成岩的年龄，不仅对历史地质学和古生物学来说非常有用，还能帮助我们确定陆地、海洋和古代生命发展的绝对时间线。因为这些岩石中有化石，我们可以确定的是，恐龙和巨蜥存在的时代大约在 1.5 亿年前；而像鲨和三叶虫这样的早期生物，大约在 5 亿年前就存在了。

但是再往下，那些对应地球更早历史的岩石，看起来好像没有任何生命痕迹。很可能在这些岩石形成的时候生命确实存在，但可能只限于最简单的生物，它们没有留下任何化石痕迹。我们已知的最古老的岩石是来自罗得西亚的花岗岩，用铀－铅测年法测出它们有 27 亿岁。但几乎可以肯定，更深处的岩石会显示更老的年龄。关于这些更古老的岩石，我们可以通过在海底钻一个深洞来获得它们非常有趣的信息——也就是"莫霍计划"，在第四章会有更详细的介绍。

天空的助力

虽然要估算从地球深处挖到的岩石的年龄极其困难，但我们从完全相反的方向得到了意外的帮助。各种大小的石头从行星际空间落到地球上，我们在地面上捡到了大量的这种石头。这些陨石每年以惊人的数量进入地球的大气层，大约有 1 亿个，总重量约为每年 500 万吨。它们大多数相对较小，但偶尔也有重达数十万吨的。大概在 8000 年前，一颗相当大的陨石撞击了地球，在亚利桑那州形成了著名的陨石坑。另一颗差不多大的陨石在 1908 年撞击了西伯利亚。这些撞击产生的能量堪比氢弹，如果再有一颗撞到我们的大城市就糟糕了。幸运的是，这些巨大的宇宙抛射物很少进入地球的大气层。小陨石则要多得多，但仍然不足以构成真正的危险。唯一记录在案的损害是一颗鸡蛋大小的陨石击穿了伊利诺伊州一座房子的车库屋顶，穿透了一辆停放的汽车的顶部和后座，还弄弯了汽车的排气管。但车主们却很高兴，因为他们的照片、受损汽车的部分零部件和那块陨石，现在都在芝加哥自然历史博物馆永久展出了。

陨石对科学来说非常有价值。它们的起源是个谜，但是它们很可能是曾经在火星和木星轨道之间运行的一颗行星的碎片。就像我们在

第三章看到的那样，这两颗行星之间有一个大空隙，那里有一条由一群小到沙粒或鹅卵石、大到直径数百英里 ① 的小东西组成的小行星带。大概有 2000 颗足够大的小行星可以用望远镜观察到，但肯定还有数百万甚至数十亿颗更小的。主流的假设是，很久以前可能有一颗行星，我们可以称它为小行星，沿着那条轨道运行，它发生了什么我们不知道，可能永远也不会知道。也许它和另一颗沿着附近轨道运行的行星相撞了；也许它被来自太阳系外的某个大家伙撞到了；或者，就像笑话里说的，它的居民掌握了原子能，把星球炸成了碎片。不过，理论表明，那场古老的宇宙灾难产生的碎片现在散布在火星和木星之间的一条宽阔的小行星带上，其中一些碎片因附近行星施加的引力作用而偏离了它们原有的运动轨迹，穿过太空乱跑，遇到什么就撞击什么。

我们收集到的陨石基本上有两种：一种是石陨石，它们由与地球地壳相似的物质组成；另一种是铁陨石，它们由镍铁合金组成。这个事实与陨石是破碎行星的碎片的假设吻合，因为，我们之后会看到，我们的地球和其他行星很可能是由一个内部的铁核和一层厚厚的岩石地幔组成的。通过研究陨石，我们就有了代表那颗倒霉的行星地表以下所有深度的样本。通过对陨石进行放射性研究，加州理工学院的克莱尔·C. 帕特森发现陨石的平均年龄是 45 亿年。既然我们可以合理假设太阳系的所有行星大致在同一时间形成，那么这个数字也可以认为是地球的年龄。由此我们可以得出结论，地球上找到的最古老的岩石（27 亿年）是在地球年龄大约是现在一半的时候形成的。让我们期待，当我们往地球的更深处钻探时，这个结论能得到证实。

---

① 1 英里约等于 1.61 千米。

康德－拉普拉斯假说与碰撞假说

在 18 世纪下半叶，著名的德国哲学家伊曼努尔·康德出版了一本名为《通用自然史和天体理论》的书，表达了他对行星系统起源的看法。根据他的观点，太阳最初被一圈气体物质包围，这看起来与土星的环颇为相似。在牛顿万有引力的作用下，环的不同部分之间的物质凝聚成了一些球状物，这些球状物成为围绕太阳运行的各种行星。几年后，同样著名的法国数学家皮埃尔·西蒙·拉普拉斯出版了一本名为《世界体系的讨论》的书。他可能并不了解康德的书，但在书中，他提出了与康德基本一样的关于行星系统起源的假设。两位作者都没有用详细的数学论证来支持他们的观点，两本书都是以纯粹的描述性方式写成的。这在康德的笔下是可以理解的，因为他是一位专业的哲学家。但令人奇怪的是，拉普拉斯作为当时最伟大的数学家之一，却没有尝试用数学来解释他的理论。

无论如何，康德－拉普拉斯假说在大约一个世纪后首次由伟大的英国理论物理学家詹姆斯·克拉克·麦克斯韦进行了严格的数学分析。在令麦克斯韦感兴趣的众多事物中，土星环的问题便是其中之一。那时，人们已经很清楚，土星环[①]不是一个像老式留声机唱片那样的实心盘，而是一群无数大小不一的天体，这些天体有的像山那么大，有的像一粒沙子那么小，它们在引力的作用下围绕行星运行。麦克斯韦自问，为什么这些天体没有因为作用在它们身上的引力而凝聚成几个单独的卫星？如果按照康德－拉普拉斯假说，最初围绕太阳的天体凝聚成了相对较少的几个单独的卫星，为什么土星环没有这样？

[①] 土星环实际上是由 3 个同心环组成，它们之间有黑暗的空隙，但为了这次讨论，我们完全可以将其看作 1 个环。

　　麦克斯韦分析这个问题的方法基于这样一个事实：在土星环中，就像围绕年轻太阳的假想环的情况一样，必须考虑两种作用在形成环的移动天体上的力。首先，当然是有利于凝聚的相互引力。靠得近的物体被牵引在一起，形成一个更大的物质聚合体。这个更大的聚合体产生的引力将更远距离的天体吸引过来，因此，这种聚合体在大小和质量上都会不断地增长。

　　但是，还存在其他类型的力试图打破由引力作用产生的初步凝聚。我们知道，土星环并不是像单一的刚性圆盘一样旋转，其内缘的旋转周期比外缘的旋转周期短。这是开普勒第三行星运动定律的直接结果，该定律表明旋转周期的平方随着旋转中心的距离的立方增加而增加。因此，当环的一部分开始凝聚时，聚合体的内部部分会超前，而外部部分则会落后；结果，形成聚合体的物质再次被分散到整个圆周上，初步凝聚随之解散。这两种力中哪一种在竞争中获胜取决于它们的相对强度。环的质量越大，其各部分之间的引力就越强，初步凝聚就越有可能保持并增长，而不是解散。麦克斯韦将这一标准应用于土星环，并发现土星环中确实没有足够的质量来将初步凝聚保持在一起，以抵抗不同旋转速度的破坏作用。因此，土星环不应该能够凝聚成单独的卫星，而事实也确实如此。

　　下一步是将同样的假设应用到一个更大的环上。根据康德－拉普拉斯假说，这个环围绕着太阳。麦克斯韦将太阳系中所有行星的质量加在一起，假设总质量均匀分布在环绕太阳的一个平面环上。他把这个凝聚标准应用到这个假设的环上，得出了一个惊人的结果：它根本不可能凝聚成单个的行星。因为这个环的质量根本就不够，引力不足以把它分裂成单个的行星。这个结果给康德－拉普拉斯的假设致命一击，尽管这个假设一百多年以来一直都很流行，且看起来很靠谱。

全世界的理论天文学家开始寻找其他可能性，而行星系统形成的另一种合理方式是由英国的詹姆斯·让斯爵士、美国的 F. R. 莫尔顿及 T. C. 张伯林独立提出的。这一备选方式被称为碰撞假说，它假设在遥远的过去，我们的太阳曾与另一颗大小相近的恒星发生过碰撞。这次碰撞不一定是直接的，但这两个天体必须足够接近，以便它们之间的相互引力能够从它们的本体中拉出巨大的舌状气体物质，这些气体物质结合在一起形成了一个临时的桥梁。当两颗恒星再次在太空中分离时，这个临时桥梁可能会断裂成许多小球体，其中一半留在太阳附近并凝聚成行星，另一半则被另一颗恒星带走。

从碰撞假说提出之初，它就遇到了严重的问题：如果行星是在这种碰撞过程中形成的，它们应该沿着高度拉长的椭圆形轨道运动，然而我们知道，尽管行星轨道是椭圆形的，但它们与圆形的偏差非常小。而且，很难理解一个拉长的椭圆形轨道是怎么变成一个近乎圆形轨道的。

魏茨泽克的理论

1943 年秋，一个年轻的德国物理学家卡尔·冯·魏茨泽克终于解开了行星起源理论中的"戈尔迪乌姆之结"这个难以解决的复杂问题。他利用最新的天体物理研究收集到的信息，展示了所有反对康德－拉普拉斯假说的旧异议都可以轻易消除。沿着这条思路，他还建立了一个详细的行星起源理论，解释了许多旧理论甚至未曾触及的行星系统的重要特征。

魏茨泽克能够实现这一点，主要是因为在前 20 年中，天体物理学家们已经彻底改变了他们对宇宙中物质化学成分的看法。在那之前，人们普遍认为形成太阳和其他恒星的化学元素及其比例和地球大致一样。地球化学分析告诉我们，地球的主体主要由氧（以各种氧化物的形式）、硅、铝、铁及少量其他重元素组成。像氢和氦这样的轻气体（以及稀有气体，如氖、氩等）在地球上的含量非常少。[①]

在缺乏更有力证据的情况下，天文学家曾假设这些气体在太阳和其他恒星的内部也非常稀少。然而，丹麦天体物理学家斯特龙根通过对恒星结构进行更深入的理论研究，得出了不一样的结论：这样的假设是完全错误的，实际上，太阳至少 35% 的物质是纯氢。后来，这个估算增加到 50% 以上，并且还发现太阳的其他成分中有相当一部分是纯氦。无论是对太阳内部的理论研究（这些研究在 M. 施瓦西的重要工作中达到顶峰），还是对太阳表面的更精细的光谱分析，天体物理学家们都得出了一个惊人的结论：构成地球主体的常见化学元素只占太阳质量的约 1%，其余的质量均为氢和氦，前者略多。显然，这种分析也适用于其他恒星的构成。

我们知道，星际空间并不是完全空无一物，而是由气体和细小尘埃混合构成，这些物质在太空中的平均密度大约是每 100 万立方英里有 1 毫克的物质。这种稀薄且高度扩散的物质显然与太阳和其他恒星具有相同的化学成分。

尽管星际物质的密度极低，我们仍能轻易证明它的存在，因为它会让那些非常遥远的星星发出的光产生明显的选择性吸收。这些星星的亮光在进入我们的望远镜之前，需要在太空中穿越数十万光年。这些"星际吸收线"的强度和位置让我们能够很好地估计这种稀薄物质的密度，并且还能推测出它几乎只由氢和氦组成。实际上，由各种

---

① 氢在地球上主要以与氧结合形成的水的形式存在。众所周知，尽管水覆盖了地球表面的 3/4，但与整个地球的质量相比，水的总质量是非常小的。

"地球型"物质的小颗粒（直径约 0.00004 英寸 [①]）形成的尘埃，只占其总质量的不到 1%。

回到魏茨泽克理论的基本思想，我们可以说，关于宇宙中物质化学成分的新知识直接支持了康德－拉普拉斯假说。实际上，如果太阳最初的气态外壳是由这样的物质形成的，那么其中只有一小部分为更重的地球元素，其可能是用来构建地球和其他行星的；其余部分由不易凝聚的氢气和氦气组成，且必须以某种方式被移除，无论是落入太阳还是被分散到周围的星际空间。由于第一种可能性会导致太阳的自转速度比实际快得多，我们不得不接受另一种可能性，即在行星形成后不久，这些气体"多余物质"分散到了太空中。

根据这些事实，我们可以想象出一个新的行星系统形成的画面。当太阳最初通过星际物质的凝聚形成时，大部分物质，约为现在行星总质量的 100 倍，被留在了外部，形成了一个巨大的旋转外壳（这种现象的原因可以很容易地在凝聚成原始太阳的各种星际气体的不同旋转状态下找到）。可以把这个快速旋转的外壳想象成由不易凝结的气体（氢、氦和其他少量气体）及各种地球物质的尘埃颗粒（如氧化铁、硅化合物、水滴和冰晶）组成，它们漂浮在气体中，并随着气体的旋转运动而移动。我们称为行星的"地球"物质大块的形成，一定是尘埃颗粒之间碰撞及逐渐聚集成越来越大的天体的结果。图 1–1 展示了这样的碰撞结果，这些碰撞一定发生在与陨石速度相当的情况下。

---

① 1 英寸约等于 2.54 厘米。

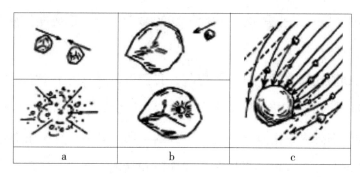

图 1-1　行星的形成过程

通过逻辑推理可以得出这样的结论：在如此高的速度下，两个质量相当的颗粒相撞，会导致它们粉碎（图 1-1a），这个过程不会使物质团块增大，反而会破坏相互碰撞的颗粒。而当一个小颗粒与一个更大的颗粒相撞时（图 1-1b），较小的颗粒会埋入较大颗粒的体内，从而形成一个全新的、稍大一些的质量体。显然，这两个过程将导致较小颗粒逐渐聚集成更大的天体。在后期，这个过程会加速，因为较大的物质团块会吸引经过的较小颗粒，并将它们添加到自己不断增长的体积中。图 1-1c 展示了随着这个过程的持续，巨大的物质团块在捕获较小颗粒方面变得越来越有效。

魏茨泽克能够证明，原本散布在整个行星系统所占区域的细小尘埃，在大约 1 亿年的时间内聚集成几个大的团块从而形成行星。

只要行星在围绕太阳运行的过程中通过吸附不同大小的宇宙物质生长，它们表面就会不断被新的宇宙物质轰击，而这必定使它们的内部变得非常炽热。然而，一旦恒星尘埃、卵石和更大的岩石耗尽，它们的生长就会停止，向外辐射到星际空间的热量必定会迅速冷却新形成的天体的外层，形成固态外壳。随着内部持续缓慢冷却，这个外壳会变得越来越厚。

行 星 距 离

任何关于行星起源的理论都必须解释一个观点——特殊规则（被称为提图斯－波德规则），它决定了不同行星与太阳之间的距离。表1–1展示了太阳系中九大行星[①]及小行星带到太阳的距离。最后一列的数字特别有趣，尽管存在一些变化，但很明显，它们都与数字2相差不大，这让我们能总结出一个大致的规则：每个行星轨道的半径大致是离它最近且靠近太阳方向的轨道半径的2倍。

表1–1　行星到太阳的距离

行星	行星到太阳的距离 （以地球到太阳的距离为基准）	行星与下一颗行星到 太阳距离的比值
水星	0.387	—
金星	0.723	1.86
地球	1.000	1.38
火星	1.524	1.52
小行星带	2.700	1.77
木星	5.203	1.92
土星	9.539	1.83
天王星	19.191	2.00
海王星	30.070	1.56
冥王星	39.520	1.31

有意思的是，类似的规则也适用于单个行星的卫星，这一点可以通过表1–2来证明，该表格给出了土星的9颗已知卫星的相对距离。

---

① 冥王星于2006年被国际天文学联合会重新定义为矮行星，不再属于太阳系九大行星之列。

表1-2 土星的卫星到土星的距离

卫星	土星的卫星到土星的距离（以土星半径为基准）	连续两段距离的增量比
米玛斯（土卫一）	3.11	—
恩克拉多斯（土卫二）	3.99	1.28
特提斯（土卫三）	4.94	1.24
狄俄涅（土卫四）	6.33	1.28
瑞亚（土卫五）	8.84	1.39
泰坦（土卫六）	20.48	2.31
海伯利安（土卫七）	24.82	1.21
亚佩特斯（土卫八）	59.68	2.40
菲比（土卫九）	216.8	3.63

正如行星本身的情况一样，卫星与行星的距离也存在相当大的偏差（特别是菲比卫星）。但毫无疑问，卫星与行星的距离也有遵循这一规律的趋势。

应如何解释，在太阳周围的原始尘埃云中发生的聚集过程最初为什么没有形成一个大行星，而是在离太阳特定的距离形成了几个大块？

要回答这个问题，我们必须对原始尘埃云中发生的运动进行更详细的分析。我们应该知道，每一个物质体，无论是微小的尘埃颗粒、小陨石还是大行星，只要围绕太阳运动，根据牛顿的万有引力定律，它就必须沿着一个以太阳为中心的椭圆形轨道运动。如果形成行星的物质最初是以直径约0.00004英寸的独立粒子[①]形式存在，那么必定有约10^{45}个粒子沿着不同大小和不同偏心率的椭圆形轨道运动。很明显，在如此密集的"交通"中，各个粒子之间必定发生了无数次碰撞，而这些碰撞的结果，就是让整个尘埃群的运动在某种程度上变得

———————
① 形成星际物质的尘埃粒子的大致尺寸。

有组织起来。实际上，不难理解，这些碰撞要么把"违规者"撞成碎片，要么迫使它们"改道"进入不那么拥挤的"车道"。那么，有什么规律能管束这种有组织或者至少部分有组织的"交通"？

为了初步探讨这个问题，让我们选取一组围绕太阳具有相同旋转周期的颗粒。其中，一些颗粒沿着相应半径的圆形轨道运动，而其他颗粒则沿着各种或多或少拉长的椭圆形轨道运动（图 1-2a）。现在，让我们尝试从与这些颗粒具有相同周期的坐标系 X–Y 围绕太阳中心旋转的角度来描述这些不同颗粒的运动（图 1-2b）。

首先，从这个旋转坐标系的角度来看，沿着圆形轨道运动的粒子 A 似乎在某个点 A' 处于完全静止状态。而沿着椭圆轨迹绕太阳运动的粒子 B，会时而靠近太阳，时而远离太阳，它围绕太阳中心旋转的角速度在靠近太阳时较大，在远离太阳时较小；因此，它有时候会比均匀旋转的坐标系 X–Y 走得快，有时则比较慢。不难看出，从这个系统的角度可观测到粒子 B 的运行呈现出一个封闭的豆形轨迹 B'；另一个沿着拉得更长的椭圆运动的粒子 C，将在坐标系 X–Y 中被看作描绘出一个稍大的豆形轨迹 C'。

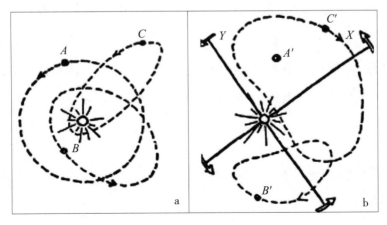

图 1-2　在静止坐标系和旋转坐标系中观察到的圆周运动和椭圆运动

　　现在很明显的是，如果我们想要安排整个粒子群的运动，让它们永远不会相互碰撞，那就得让这些颗粒在均匀旋转的坐标系 X–Y 中画出的豆形轨迹不交叉。

　　根据前文得出的结论——围绕太阳且具有相同旋转周期的粒子与太阳保持相同的平均距离，我们就会发现，它们在坐标系 X–Y 中的轨迹的不相交图案看起来像一个围绕太阳的"豆子项链"。

　　前文的分析对读者来说理解起来可能有点难度，但其实它是一个相当简单的步骤，是为了说明与太阳平均距离相同并因此具有相同旋转周期的粒子，会以不相交的交通模式运动。由于在围绕原始太阳的所有尘埃粒子中，我们应该预期会遇到所有不同的平均距离，以及相应的所有不同的旋转周期，因此实际情况肯定更加复杂。不仅仅是一个"豆子项链"，而必须有大量的这样的"项链"以不同的速度相互旋转。通过对这种情况的仔细分析，魏茨泽克证明，为了维持这样一个系统的稳定性，每个单独的"项链"应该包含 5 个独立的旋涡系统，以便整个运动的画面看起来如图 1–3 所示。这样的系统将确保每个单独环内的"交通安全"，但由于这些环以不同的周期旋转，必定会发生"交通事故"，即一个环碰撞到另一个环。在这些边界区域发生的大量相互碰撞，必须是由属于一个环的颗粒和属于邻近环的颗粒引起的，这些碰撞负责聚集过程，以及在离太阳特定距离处越来越大的物质块的生长。因此，通过每个环内的物质逐渐减少，以及在它们之间的边界区域的物质的积累，最终形成了行星。

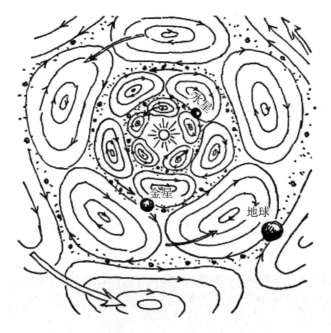

图 1-3　原始太阳包层中尘埃的"交通车道"

这一行星系统形成的画面给我们提供了一个简单的解释，即行星轨道半径的规则。实际上，简单的几何学研究表明，在图 1-3 所示类型的模式中，相邻环之间的连续边界线半径形成了一个简单的几何级数，每个半径都是前一个的 2 倍。我们也明白了为什么这一规则不可能完全精确。实际上，它并不是原始尘埃云中粒子运动的严格法则的结果，而应该被看作是在不规则的尘埃交通过程中某种趋势的表达。

这一规则也适用于我们系统中不同行星的卫星，这一事实表明，卫星形成的过程大致上与行星是一样的。当围绕太阳的原始尘埃云被分裂并形成各个行星的独立粒子群时，这一过程在每种情况下都在重复，大部分物质集中在中心形成行星的主体，其余部分则围绕中心旋转并逐渐凝聚成若干卫星。地球的卫星——月球的形成可能是一个例外情况，这将在第二章中讨论。

　　我们一直在讨论颗粒的相互碰撞和尘埃颗粒的增长，差点忘了说明原始太阳包层中的气体部分发生了什么。还记得吧，这部分最初占了整个质量的大约 99%。这个问题的答案相对来说就简单多了。

　　当尘埃颗粒相互碰撞，形成越来越大的物质团块时，那些无法参与该过程的气体逐渐消散到星际空间中。通过相对简单的计算可以证明，这种消散所需的时间大约是 1 亿年，这与行星成长的周期大致相同。因此，当行星最终形成的时候，构成原始太阳包层的大部分氢和氦肯定已经从太阳系中逃逸（图 1-4），只剩下微不足道的痕迹，这种痕迹被称为"黄道光"。

图 1-4　太阳完全亮起来之后，它的辐射压力把原行星的氢—氦包层推向了太空，露出了它们的固体核心
（这张图没有考虑几何尺寸，因为它是想表达银河系里亿万个行星系统中的任何一个）

　　魏茨泽克关于行星系统起源的理论后来被荷兰裔美国天文学家杰拉德·柯伊伯进行了修改。根据柯伊伯的观点，围绕原始太阳的星云

环的凝聚过程比太阳本身的凝聚要快。因此，行星一定是在太阳的能量产生机制开始运作之前，在黑暗中诞生的。在这种情况下，原始环中的氢和氦一定被凝聚的尘埃粒子所保留，形成了比行星本身重数百倍的广泛行星大气。这些被柯伊伯称为"原行星"的东西，围绕缓慢凝聚的太阳旋转，直到太阳内部先发生核反应，然后开始强烈地辐射周围空间。当太阳变得明亮时，其辐射的光压开始将原始行星的气体大气层吹出太阳系，有一段时间原始行星看起来像巨大的彗星，有着逃逸的氢和氦的浓密尾巴。对于较靠近太阳的水星、金星、地球和火星，原始气体大气的消散已经完成，我们现在脚下的土地曾经是原始行星的核心。对于位于离太阳更远位置的木星、土星和其他行星，只有一部分原始的氢–氦大气被吹走，而其余部分则被中心固态核心的重力所保留。外行星上广泛的气体大气层的存在解释了为什么根据观测到的直径和质量计算出的外行星平均密度（表1–3）明显低于地球等内行星的平均密度。

表1–3　太阳系各行星的平均密度

行星	平均密度 / ($g \cdot cm^{-3}$)
水星	3.8
金星	4.9
地球	5.5
火星	4.0
木星	1.3
土星	0.7
天王星	1.3
海王星	1.6

宜居世界的多样性

魏茨泽克理论的一个重要结果在于得出这样的结论：行星系统的形成并不是一个例外事件，而是在几乎所有恒星的形成过程中都必定会发生的事件。这一说法与碰撞理论的结论形成了鲜明对比，后者认为行星形成的过程在宇宙历史上是非常特殊的。实际上，被认为是行星系统起源的恒星碰撞被视为极其罕见的事件，而在构成我们银河系的 400 亿颗恒星中，人们认为在其存在数亿年的历史中，只发生了寥寥几次这样的碰撞。

现在看来，每颗恒星都拥有一个行星系统，那么仅在我们的银河系中，就必定存在数百万颗物理条件与地球几乎相同的行星。如果生命——哪怕是最高形式的生命——在这些"宜居"的世界都没能发展起来，那是很奇怪的。

实际上，生命最简单的形式，如不同类型的病毒，其实只是由碳、氢、氧和氮原子组成的复杂的分子。由于这些元素在任何新形成的行星表面都有足够的量，我们可以相信，在固体地壳形成和大气中的水蒸气凝结形成广阔的水域之后，迟早会出现一些这类分子，这是必需的原子以必需的顺序偶然结合的结果。当然，活性分子的复杂性使得它们偶然形成的概率极低，我们可以将其比作通过简单地摇晃拼图游戏中的单独碎片，希望它们偶然以正确的方式自行排列的概率。但我们不能忘记有无数的原子在不断地相互碰撞，也有足够的时间来实现必要的结果。生命在地球的地壳形成后相当快地出现，尽管看起来不太可能，这一事实表明一个复杂有机分子的偶然形成可能只需要几亿年。一旦最简单的生命形式出现在新形成的行星表面，有机繁殖的过程和逐渐进化的过程，将导致越来越复杂的生命形式的形成。我们无法得知不同"宜居"行星上的生命进化过程是否与地球相同。对不同世界中的生命进行研究将为我们理解进化过程做出重要贡献。

然而，尽管我们可能在不远的将来通过宇宙飞船前往火星和金星（太阳系中最"宜居"的行星）研究在这些行星上可能发展出的生命形式，但关于其他恒星世界中可能存在的生命及其进化的形式的问题，可能永远是一个科学无法解决的问题。

当然，有人会说，随着未来火箭技术的发展，我们总有一天能够去其他恒星旅行，并了解遥远行星系统的居民。然而，已故的恩里科·费米提出了一个强有力的论点，反对这种可能性。如果生命存在于银河系中几十亿个可居住的行星上，我们应该预设它处于不同的进化发展阶段，因为生命进化的速度必须取决于这些遥远世界中存在的特定物理条件，进化速度的几个百分点的差异将导致遥远的可居住世界中生命发展程度存在数百万年的差异。因此，在银河系中散布的一些行星系统中，生命可能仍处于哺乳动物出现之前的阶段，而在其他行星上，与人类相似的智能生物可能在数百万年前就已经发展起来，并且发展到现在，科学和技术水平已经比我们高得多。如果星际飞船通信存在可能的话，这些先进世界的居民应该已经来地球上拜访过我们了。我们没有来自外太空的访客（除了飞碟，那些纯属无稽之谈）这一事实表明，我们地球人永远无法前往其他恒星。

然而，还有另一种可能可以发现居住在其他世界的高级智慧生物的存在。他们可能已经发展出强大的星际无线电通信站，如果是这样的话，我们的射电望远镜在记录来自遥远恒星和星系的无线电噪声时，可能会接收到类似莫尔斯电码的无线电信号，这些信号不可能自然产生，而必定是智能生物的作品。但是，到目前为止，在地球上接收到的宇宙无线电波中还没有发现任何这类信号。

第二章
我们忠实的月亮

海 洋 潮 汐

月球不仅具有众所周知的浪漫价值——与许多传说和信仰有关，还会引发海洋潮汐现象。一天之内，海面会先上升几英尺[①]，然后又回落两次。在开阔的海岸线上，高潮和低潮导致海滩区域交替扩张和收缩，以及靠近岸边的岩石周期性地被淹没和裸露。而在特殊情况下，当涨潮进入狭窄的峡湾或河口时，情况可能变得更加剧烈。例如，大西洋的涨潮涌入亚马孙河的河口，呈现出自然力量所造就的最壮观的景象之一。

正如万有引力理论的创始人艾萨克·牛顿首次解释的那样，潮汐是由月球和太阳对海水的引力作用引起的。尽管太阳的质量比月球大得多，但它距离地球比月球远得多，因此它的引潮力大约只有月球的1/4。一方面，当太阳和月球与地球在同一直线上时，即在新月和满月期间，它们共同牵引海水，产生更高的潮汐；另一方面，在上弦月

---

① 1 英尺约等于 0.305 米。

和下弦月期间，月球对海水的作用方向与太阳相反，因此产生更低的潮汐。

乍一看，人们很难理解为什么每天会有两次涨潮。如果月球吸引海水，看起来，地球朝向月球的一面的海平面应该上升，而在对面的一面应该下降。那么，为什么海平面不是这样，而是在两面都涨潮？对这个看似矛盾的现象的解释基于这样一个事实：我们在这里处理的是月球和地球的相对运动，它们在太空中都是自由移动的。如果月球被固定在某个建立在地球某个大陆上的巨型钢塔的顶部，那么月球所在的那个半球将会一直是涨潮，而在对面的半球则会一直是低潮。但是，这两个天体都可以在太空中自由移动，都围绕共同的重心旋转，而这个重心（因为地球的质量大得多）位于靠近地球中心的位置。实际上，月球和地球围绕的共同旋转中心位于地球中心到地表的约 3/4 处（图 2-1）。

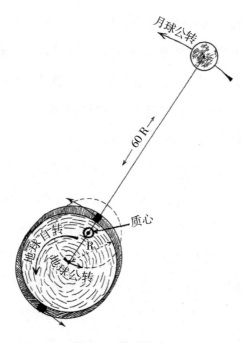

图 2-1　地球和月球围绕共同的质心旋转

因为地球也围绕那个中心运动，就像月球一样，情况是动态的而非静态的，如果月球坐落在塔顶，情况就会是静态的。要弄清楚在这种情况下发生了什么，我们必须清楚月球的重力作用于面向月球的海水、地球的固体本体及对面的海水。由于引力随距离的增加而减小，在第一种情况中引力最大，在第二种情况中小一些，在第三种情况中更小。因此，月球引力引起前侧的海水引力位移将大于地球的引力位移，从而使海平面上升到海底以上。同样地，地球本体将比对面的海水更多地朝向月球位移，以至于那一侧的海底将在海面下被"往下拉"。在相对运动的情况下，当然意味着地球另一面的海平面也将上升到海底之上。

岩石中的潮汐

潮汐力的影响不限于对地球液态外层的周期性干扰，地球的岩石本体也受到作用在其相对两侧不均匀引力的周期性推动和拉动。由于地球的岩石本体肯定比其液态外层的可变形性小，"岩石中的潮汐"必定比海洋中的潮汐小，而我们在海岸观察到的水位升降必须由两个潮汐之间的高度差异引起。尽管我们可以轻易观测到这种差异，但确定两个潮汐的各自高度非常困难。实际上，地球的潮汐形变导致整个表面围绕观察者周期性上升和下降，地面上的观察者无法注意到岩石中的潮汐，就像在公海上的船上无法观察到海洋潮汐一样。估算地球本体潮汐高度的一种方法是根据牛顿定律计算海洋潮汐的预期高度，并将该值与观测到的海洋和陆地水平的相对高度进行比较。不幸的是，如果地球是一个光滑、规则的球体，那么海洋潮汐的理论计算将会非常简单，但由于我们必须考虑到所有海洋海岸的不规则性和海洋盆地的不同深度，因此估算变得极其困难。

这一难题被美国物理学家阿尔伯特·A.迈克耳孙以一种非常巧妙的方式解决了，他提议研究太阳和月球引力在相对较小的水体中引起的"微观潮汐"。他的设备由一根仔细调平的铁管组成，大约500英尺长，管中一半是水。在太阳和月球的引力作用下，这个管中的水面表现与海洋中的水完全相同，周期性地改变其在空间中固定方向的倾斜度。

由于这个"迈克耳孙海洋"的线性尺寸比太平洋小得多（500英尺相较于10000英里），因此相同的水面倾斜度只会导致管道两端水位出现非常小的垂直位移，实际上小到肉眼无法察觉。通过使用一个灵敏的光学设备，迈克耳孙能够观察到这些水位的微小变化，这些变化在最大时也只有0.00002英寸。尽管这些"微观潮汐"的规模很小，但迈克耳孙能够观察到所有在地球上的海洋盆地中常见的大规模现象，例如新月期间异常高的潮汐。

迈克耳孙将在自己的"微观潮汐"中观测到的潮汐高度与可以轻易计算出的理论值进行了比较，发现它们只达到预期效果的69%，剩下的31%显然被安装了迈克耳孙管的地球固态表面的潮汐位移所补偿。因此，他得出结论，观测到的海洋潮汐应只占总水位上升的69%，并且，由于公海的潮汐大约有2.5英尺高[①]，水位的总上升应约为3.6英尺。

这次总水位潮汐剩余的1.1英尺显然被地球坚硬外壳相应的上下运动所抵消，对在海岸边的观察者来说，仅能察觉到2.5英尺的潮差。因此，尽管看起来很奇怪，但我们脚下的地面，连同其表面所有的城市、丘陵和山脉实际上正在进行周期性的上升和下降。当月亮高

---

① 这些数值小得不足以显著影响孤立太平洋岛屿上观测到的海洋水流运动。

悬在天空中时，地表都会抬高；而当月亮落到地平线以下时，地表又再次下沉。第二次上升运动发生在月球位于地球的另一面时，可以说把我们脚下的地球拉长了。不用说，这种上下运动进行得如此平稳，即使是最灵敏的物理仪器也无法直接探测到。岩石中的潮汐大约是水中潮汐的1/4，这一事实表明我们地球的刚性相对较高。根据弹性理论，人们可以利用这些数据计算出整个地球的刚性。通过这样的研究，著名的英国物理学家开尔文勋爵首先得出结论：地球的刚性极高，就好像它是由优质钢材制成的。

月球上的潮汐

就像月球的引力会在海洋和地球的本体产生潮汐一样，我们也可以期待地球的引力会在月球上产生潮汐。因为月球上没有海洋，这些潮汐肯定只限于它表面的固体。而且，因为月球总是用它的一侧面对地球，所以我们可以认为月亮的潮汐形变相对于它的本体是静止的。

由于潮汐力与干扰天体的质量成正比，如果月球完全是液态并且可以变形的，那么月球上的潮汐高度约为150英尺。对月球形状的详细研究表明，月球实际上在朝向地球的方向上是拉长的，这种拉长约是当前地球与月球之间距离所预期的30倍。这一事实有力佐证了，观测到的月球潮汐形变对应于月球比现在更接近地球的时期。在那个发展阶段，月球本体显然已经变得过于坚硬，无法进一步变形，潮汐波被"冻结"并从此保持不变。由于月球与地球的距离的增加，引起潮汐的引力已经大大减小。这种"冻结潮汐"的存在是月球与地球相比具有极高刚性的证据。即便是现在，地球的地壳还在不断发生变形。

因此，似乎可以肯定的是，月球的地壳比地球的地壳厚得多，我们的这颗卫星很可能从表面到中心都很坚硬。这个结果很容易理解，因为月球的质量较小，它肯定比我们的地球冷却要快得多。

众所周知，月球上没有水。但如果它的表面有一半被海洋覆盖，那么它的地理景观将呈现非常奇特的景象——正好位于月球盘面的中央，一个几乎呈圆形的大陆，由冻结的潮汐波形成，而在对面则有另一个相同形状的大陆（图2-2）。海洋将会相当浅，最大深度在月球可见边缘大约2500英尺处，而大陆则从海岸线缓慢上升到海平面以上大约2500英尺的高点。由于水的反射能力比普通岩石要弱，我们将在被一圈较暗的水域环绕的月球中心看到一个明亮的大陆表面。那些绞尽脑汁试图记住地球复杂表面上所有海洋、海湾、半岛和海峡的学生们，肯定会喜欢这样的地理环境！

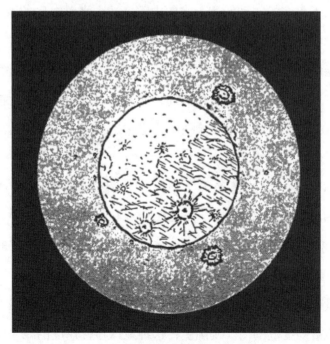

图2-2　月球表面有水的景象
（中心明亮的圆圈将是两块月球大陆之一）

潮汐与年代

《潮汐与年代》是英国天文学家乔治·达尔文在 19 世纪末出版的一本书的标题，他是著名生物学家查尔斯·达尔文的儿子。在这本书中，达尔文探讨了在数十亿年的时间跨度内，也就是我们地球的地质历史时期，潮汐可能对地球和月球的运动产生的影响。

让我们从外部观察地月系统，假如从火星上看，我们将观察到地球在其轴线上自转的周期为 24 小时，而月球围绕它运行，在 1 个月的时间内完成一次公转，或者更准确地说是 29.5 天。地球海洋上的两个潮汐隆起始终指向月球和远离月球，而地球则在它们之间旋转，就像轮子在刹车片之间旋转一样。这一"刹车"概念不仅仅具有偶然的意义。事实上，每天在地球上运行的潮汐波确实对其围绕轴线的旋转产生了一定的制动作用。水的内部摩擦、水对海底的摩擦（特别是在浅水区域），以及潮汐波对阻挡它们去路的大陆的冲击，消耗了大量的能量，这就导致地球的自转速度减慢。因此，每一天都比前一天稍长一点，实际上，通过精确的天文测量，发现每一天比前一天长 0.00000002 秒。虽然这个影响很小，但它是累积的，多年后天文时间表最终会显示累积的误差。

长达一个世纪的精确天文观测非常清晰地显示了这种时间的延长。如果每一天都比前一天长 0.00000002 秒，那么 100 年前（即 36525 天前），一天的时长比现在短 0.00073 秒。因此，从那时到现在累积的总误差为 $36525 \times 0.00073 \times 1/2$，约为 13 秒。

每世纪 13 秒听起来是一个非常小的数值，但它完全在天文观测和计算的精确度范围内。实际上，这种地球自转速度的减慢解释了一个长期以来困扰天文学家的问题。通过比较太阳、月亮、水星和金星相对于"固定"恒星的位置，天文学家注意到，与 19 世纪时基于天体力学计算出的位置相比，它们似乎提前了（图 2-3）。就像一个电视节目比你预期的开始时间早了 15 分钟；一个商店在你到达时已经关门了，而你到达的时间还不到关门时间的 15 分钟前；或者你错过了你确信能赶上的火车，你不会责怪广播电台、商店和铁路，而是怪你的手表。你会意识到它可能慢了大约 15 分钟。同样，天文事件时间上的 13 秒差异应该归因于地球的减速，而不是所有天体的加速。在意识到地球自转减速之前，天文学家将地球视为完美的时钟。现在，他们更了解潮汐的情况，引入了由于潮汐摩擦所需的校正。

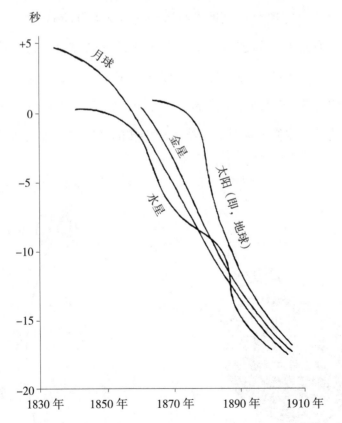

图 2-3 观测到的和预测的各种天体运动的时间差异
（这 4 条曲线不完全相同，这可能是观测和理论计算中的小误差造成的）

　　如果由于潮汐摩擦，地球围绕其自转轴的旋转逐渐减慢，那么月球围绕地球的公转运动肯定在加速。这是牛顿力学基本定律之一——角动量守恒定律的结果。而且，如果月球在其轨道运动中加速，它就会慢慢地远离地球，沿着一个展开的螺旋轨迹移动（图2-4）。根据观测到的地球自转减慢的速率，我们可以计算出月球远离地球的速率。其结果是，每次我们看到新月时，它都比我们远了4英寸。当然，考虑到月球与地球的平均距离是238857英里，每月4英寸并不是一个很远的距离。但使我们再次感兴趣的是，这种退行在非常长的地质时期的效应。如果月球正在远离地球，即使非常缓慢，它在某个遥远的过去一定离我们更近。乔治·达尔文实际上计算出，大约45亿年前，月球在其轨道运动中几乎触及了地球表面。此外，他还指出，那时的1天的时长（即地球的自转周期）只有5小时，而月球的公转周期（即1个月的长度）也是5小时。因此，回顾45亿年前月球的运动轨道，我们发现月球围绕地球旋转的高度与今天人造卫星飞行

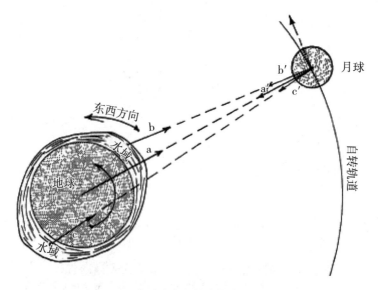

图 2-4　减缓地球自转并推动月球远离的力

的高度相当。然而，巨大的区别在于，那时地球自转轴的旋转速度要快得多，因此具有更加明显的椭球形状。

于是，乔治·达尔文问道，我们为什么不能假设在 45 亿年前，地球和月球曾是一个单一的天体，后来分裂成了两部分，较大的部分形成了地球，较小的部分形成了月球？如果这真的是事实，那么经历分裂的原始天体可以被合理地称为"地月球"或"月地球"。什么力量导致了这样的分裂？如果月球曾是地球的一部分，那么当然就没有月球潮汐。但是年轻的半熔融"地月球"（或"月地球"）天体受到了太阳潮汐的周期性作用，每 5 小时抬起和压低表面两次。达尔文理论的一个激动人心的点是，这些潮汐变形的周期恰好是 2.5 小时，与该天体的固有振荡周期相吻合。实际上，如果有两只巨大的手抓住原始的"月地球"（或"地月球"），挤压或拉伸它，它会以一定的频率振动一段时间。

当我们想要将收音机或电视机调至想要收听的电台或频道时，我们会旋转旋钮，这改变了机箱内封闭的电子系统的振动周期。当这个振动周期变得与传入的无线电波的振动周期相等时，接收系统就与传入的电磁波产生共振，从中获得能量，这些能量被转换成荧光屏上的声音或图像。一个更传统的例子是由护士推动孩子荡秋千，为了使秋千荡得更高更快，她必须按照秋千荡的节拍来推。同样，太阳的引力引起周期性潮汐力，在与"地月球"（或"月地球"）自身脉动相对应的时间间隔内作用于它，会导致共振。脉动会变得越来越强，而在某个点，原始天体可能会分裂成地球和月球。

支持与反对

乔治·达尔文理论的美妙之处在于，当我们回顾我们这颗卫星——月球的历史时，我们发现它在通常被认为形成地球和整个行星系统的时代，正好靠近地球，并且以与当时地球自转周期完全相同的周期旋转。如果地球上海洋的潮汐力不同，或者如果今天地球的自转周期不是 24 小时，这些巧合就不会存在。当然，基于数据巧合来建立科学理论是危险的，但这些巧合的存在确实增强了我们对理论正确性的信念。此外，还有其他一些独立的证据支持达尔文的观点。一方面，地球的平均密度（通过简单地将其质量除以其体积得到）是水的密度的 5.5 倍；另一方面，地表岩石的密度要小得多，花岗岩为 2.6，玄武岩为 2.8。因此，结论是地球的核心是由某种密度远高于 5.5 的材料构成的，现在普遍认为我们的地球拥有一个重的铁质核心。月球的平均密度仅为 3.3，这与它完全由岩石构成的假设是一致的，这些月球上的岩石在其中心区域被压缩到稍高的密度。如果按照达尔文的假设，月球是由原始复合体的外层形成的，那么月球中是否有铁元素作为成分的问题就可以得到解释。

支持达尔文观点的另一个证据是地球表面被划分为大型的大陆块和深邃的海洋盆地。一方面，大陆主要是平均深度约 20 英里的大型花岗岩板块，而玄武岩只在火山爆发的地方以小块出现。在 20 英里的深度以下，有一层更重的材料，即玄武岩，大陆块就坐落在其上。另一方面，海底根本没有花岗岩，完全由玄武岩构成。

正如我们将在第四章看到的，地球的内部结构像洋葱一样，由一系列同心的壳组成，这些壳从外向内越来越密。如果假设我们的地球最初是熔融状态，那么这种分布是符合预期的，因为较重的物质会沉到中心，较轻的物质会浮向表面。在这种情况下，较轻的花岗岩材料均匀地分布在地球表面，形成一个薄壳。那么，为什么我们只在覆盖地球 1/4 的厚板块中找到花岗岩？如果假设原始的"地月球"（或"月地球"）有一个连续的花岗岩表面层，由于暴露在周围空间的寒冷中，它很早就固化了，那么这个问题就可以得到解答。当月球从地球分离出去时，其中一侧的大部分表面物质被带走，形成了一个大面积没有花岗岩（对应于太平洋）的地区，但原始花岗岩表面的一部分留在了对面一侧。剩余的花岗岩层可能裂成了几块，它们在仍然处于熔融状态的玄武岩表面漂浮并逐渐分离。当玄武岩的上层固化时，花岗岩板块被冻结在固定位置，形成了我们今天所知的大陆。我们将在第五章回到这个问题。

然而，除了这些支持乔治·达尔文理论的论点，他的理论也面临着许多反对意见。法国天文学家 M. 洛希证明了任何围绕行星运行的卫星，如果其与行星的距离小于行星半径的 2.5 倍，就会被行星引力撕成碎片。土星的卫星及其环系统是洛希极限的一个好例子：最接近土星的卫星称为米玛斯，其围绕土星运行的距离是土星半径的 3.1 倍，并且保持完整；环系统的外半径是土星半径的 2.3 倍，环保持破碎状态，像一群小颗粒。

达尔文理论的反对者认为，如果月球是从原始天体分离出来的，那么它在有机会逃逸到洛希极限之外之前就会破碎成碎片。然而，有人可能会批判这种批评，说当地球以 5 小时的周期自转时，它的赤道直径比今天大得多，而分离出来的那部分已经超出了危险区域。试图对这个问题做出明确判定，无论是肯定还是否定，都十分困难，因为它涉及极其复杂的数学问题，可以进行的计算只能是非常近似的，其结果也非常不确定。确定达尔文观点正确与否的唯一方法是将这个问题交给高速电子计算机，它能够详细地跟踪分离过程的所有复杂性。让我们期望这件事能很快实现吧。

今天在洛希极限内飞行的人造卫星不会破碎成碎片，因为它们由金属制成，比天然卫星坚固得多。

那些选择不相信达尔文理论的人，包括像哈罗德·尤里这样的伟大科学家——他是重氢的发现者和诺贝尔化学奖得主，更倾向于假设月球是一个由于某种原因未能与其他形成地球的物质结合的天体。行星从太阳周围的原始云中凝结的过程一定进行得非常缓慢，需要数亿年才能完成。在那段时间里，飘浮在云中的小尘埃粒子相互碰撞并粘在一起，形成了稍大的固体物质块。这些物质块继续增长，越来越大，达到了如西瓜、圣保罗大教堂圆顶，甚至珠穆朗玛峰的大小。根据尤里的说法，过去的某个时代，有成千上万个月球大小的天体在围绕太阳不同距离的轨道上运行。其中有许多天体，沿着接近地球当前轨道移动并粘在一起，形成了我们的地球，而其中一个错过了机会，被地球捕获并成为永久性卫星。尤里的观点相对较新，需要经过数年的时间才能对其进行批判性评估。

月球的地貌

用肉眼看，我们的卫星表面呈现出由较亮和较暗的区域组成的拼贴画，形成了"月亮上的人脸"的面孔。第一个更清楚地看到月球的人是著名的意大利科学家伽利略·伽利雷。17世纪初的一天，伽利略得知一位名叫汉斯·利珀希的荷兰眼镜制造商制作了一个有趣的装置，其由一组透镜组成，装在一根管子里。据说它可以使远处的物体看起来很近，以至于一两英里外的一棵树或一个人都可以看得很清楚。伽利略想到，这种当时被称为"魔管"的东西，可能对天文观测非常有帮助。

伽利略亲手制作的第一台天文望远镜是一个简陋的装置，即便如此，它还是让他能够比以往更清楚地看到月球表面。他是第一个看到月球上的山脉和大圆形坑的人。通过他那原始的望远镜，月球上大片的暗区看起来平滑无特征，就像大片的水体一样。因此他将它们称为"海"，即拉丁语中的"海洋"。尽管更好的望远镜早已揭示了所谓的"月海"实际上是表面不规则且遍布许多小坑的大型平坦平原，但这个名字仍然保留至今。事实上，我们现在非常确定月球上没有水，其气候比地球上最干燥的沙漠还要干燥得多。

月球也没有大气层，这一点可以通过观察月亮在天空中移动时，其前沿遮挡了恒星，导致恒星逐渐消失的情况来证明。如果月球表面覆盖着哪怕只是一层薄薄的空气，恒星就会在消失前闪烁，它们的位置也会因月球大气层的折射而略有改变。然而，观测显示，恒星突然消失，就像被剃刀切断一样。此外，月球山脉投下的阴影的锐利度也表明没有大气层的存在，否则就会有黎明和黄昏，使阴影变得柔和得多。

图 2-5 展示了朝向我们的整个月球表面和一些具有特征性的地区。图 2-6 展示了从苏联火箭月球 3 号观测到的月球的另一面。正如预期的那样，两面总体上看起来相似。大片的暗色区域是"海"或称"玛丽亚"，它们有着如梦如幻的名字，如静海、澄海、雨海，以及右侧被称为风暴洋的大片沙漠平原。山脉则以各种地球上的山脉命名，因此我们有月球阿尔卑斯山脉、亚平宁山脉、喀尔巴阡山脉等。坑坑洼洼的表面是月球地貌最典型的特征，这些月球坑大多以过去的哲学家和科学家的名字命名，如阿里斯塔克斯、阿基米德、柏拉图、哥白

尼、第谷和开普勒等。

图 2-5　月球全貌的照片

（图中显示了较暗的区域"海"和月球火山坑，以及从后者发散出的"光线"；图片为叶凯士天文台提供）

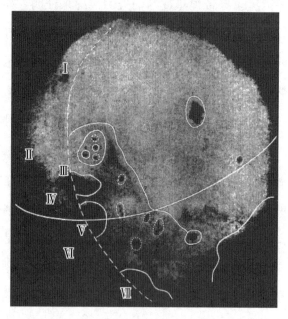

Ⅰ.洪堡海；Ⅱ.危海；Ⅲ.界海；Ⅳ.浪海；Ⅴ.史密斯海；Ⅵ.丰富海；Ⅶ.南海。

图 2-6　由月球 3 号获得的月球背面的照片

（实线和虚线的大圆圈分别代表月球赤道和可见部分与不可见部分的分界线）

月球背面的相似特征则带有更多斯拉夫名字的特色,有莫斯科海、施密特海(以一位有影响力的在世俄罗斯天文学家命名)、苏联山脉、罗蒙诺索夫坑(以 18 世纪著名的俄罗斯科学家和诗人命名),以及齐奥尔科夫斯基坑(一位俄罗斯学校教师,他是火箭发展和太空旅行的先驱)。虽然名字有所不同,但月球两侧的地貌特征是相同的。

月球地理学,或者更准确地说是月面学面临的主要问题是月球表面那些陨石坑的由来(图 2-7)。在月球可见半球上最大的陨石坑是克拉维乌斯坑,这是一个宽圆形平面,直径 146 英里,周围是一堵高2 万英尺的陡壁。它如此之大,以至于站在陨石坑中间的观察者会看到陨石坑壁完全隐藏在地平线以下。我们用望远镜能看到的最小的陨石坑大小也就和五角大楼差不多,而且肯定还有更小的陨石坑。

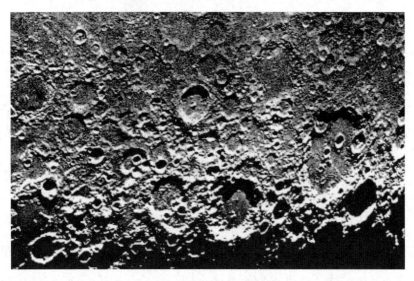

图 2-7　月球表面的陨石坑的详细结构
(叶凯士天文台提供)

月球坑的起源是什么,为什么有这么多?直到几十年前,人们普遍认为月球上的坑是火山活动造成的,就像地球上的维苏威火山或富士山的火山坑一样。但进一步的研究表明,情况并非如此。事实上，地球上的火山坑通常呈急剧上升的锥体，顶部有一个相对较小的凹陷，而月球坑看起来更像是一座周围有一圈看台的足球场。这种形态很难被解释为是熔融物质从地下喷发的结果。月球坑和亚利桑那州的陨石坑有着显著的相似性，后者已被证明是由一颗巨大陨石撞击造成的。当一个以大约每秒 10 英里的速度行进的庞大物体撞击地面时，在撞击点会产生大量的热量，陨石本身及它所埋藏的地面会熔化并蒸发掉一部分，将物质向上和向外抛出一个大圈。造成亚利桑那州陨石坑的陨石重约 20 万吨，直径约 100 英尺。

与亚利桑那州陨石坑大小相当的坑在月球上有很多，几乎达到了望远镜的可视极限。更大的坑一定是由更大的陨石造成的。直径 40 英里的阿基米德坑可能是由一颗重约 250 亿吨的陨石撞击造成的；而月球上最大的坑——克拉维乌斯坑（直径 146 英里），一定是与至少重 2000 亿吨的宇宙物质块相撞的结果。在后一种情况下，陨石的直径约为 4 英里，相当于地球上的一座大山。

为什么月球表面覆盖着如此多的坑，包括一些巨大的坑，而地球上只有少数相对较小的坑，比如亚利桑那州那个还算可以的坑？宇宙抛射物击中离我们如此近的月球的可能性肯定不比击中地球的多。正确的解释在于，由于月球没有大气层，其表面特征不会像地球那样受到空气和水的侵蚀。几千、几百万或几亿年前在月球上形成的坑，今天看起来和它最初形成时完全一样。而地球上的陨石坑受到持续的侵蚀，其中的物质逐渐被雨水冲走，陨石坑最终消失。亚利桑那州陨石坑只有约 8000 年的历史，已经被侵蚀得相当厉害，再过一两万年，它可能就几乎看不出来了。对地球许多地区的航空调查已经证明了一些更古老的陨石坑的存在，它们已经被侵蚀到近乎消失的程度，以至于没有游客会来参观它们。

在结束关于月球的章节时，我们不得不提到被称为"月球的眼泪"的现象。在地球的几个地区，地质学家发现了一些非常奇特的小物体（例如，巴尔干半岛上有一个，另一个在澳大利亚中部），这些物体在技术上被称为玻璃陨石，它们在不同时代的沉积层中被发现。玻璃陨石最初是由奥地利地质学家爱德华·苏斯于 1899 年发现的，它们由玻璃质材料组成，有时看起来像破碎的啤酒瓶碎片——这使得研究这些玻璃陨石的加州大学汉斯·苏斯博士（爱德华的儿子）提出了一个玩笑性的假设，即啤酒业在地球早期地质时代一定非常繁荣。许多玻璃陨石的形状像蘑菇，上面有一个规则的半球形头部，下面有一个类似茎的结构。从它们的形状（图 2-8）来看，很难不让人觉得这些物体是在高速穿过地球大气层时被加热到部分处于熔融状态的。对在澳大利亚发现的玻璃陨石上的流动线的研究强烈表明它们来自地球之外，而且它们以至少每秒 4 英里的速度进入地球大气层。然而，人们不能把它们和普通的陨石归为一类，那些陨石是由镍铁合金或石质材料构成的。

图 2-8　加利福尼亚大学拉荷亚分校汉斯·苏斯博士收藏的玻璃陨石

我们的玻璃工厂通过熔化硅砂，以及少量其他化合物来生产产品。玻璃陨石是否有类似的起源，它们是在外太空的特殊的热条件下形成的天然玻璃碎片吗？汉斯·苏斯提出了一个半幻想但可能真实的假设，即玻璃陨石来自月球。当一个巨大的陨石撞击月球表面时，就会有一部分熔融的硅酸盐化合物被抛向太空。由于月球没有大气层，这些喷溅物不会遇到空气阻力，向上抛出的熔融液滴可以逃离月球的引力，一直飞到地球表面。不论这个假设是否为真，这种可能性非常令人神往。例如，人们可以推测，从月球坑向四面八方扩散的神秘"光线"是由类似的玻璃材料造成的，这些材料被以更水平的方向抛出并落在月球表面。因此，收集形成"光线"的材料并观察它是否与地球上发现的玻璃陨石相同，将会非常有趣。

第三章
行星家族

比较行星学

在我们深入这本书的主题——我们自己的星球之前，让我们先简要了解一下太阳系中的其他成员，并比较它们的物理属性与地球的物理属性。这种"比较行星学"，可以说，将帮助我们理解我们自己星球的特征，这与比较解剖学通过比较人类与蚊子和大象的属性来帮助生物学家更好地理解人体的方式一样。

我们发现一些行星，比如水星，与地球相比是如此的小，以至于它们表面的重力太微弱，根本留不住大气层，导致这些大气层在形成后不久就完全逃逸到了行星际空间。

逃 逸 分 子

要弄明白行星是怎么失去它们的大气层的，我们得记住，物质的气态与液态和固态不同，因为气体分子是自由的，不断地在不规则的Z形路径中来回快速移动并相互碰撞；而在液体和固体中，单独的分子之间通过强烈的内聚力结合在一起。因此，如果气体没有被不可穿透的墙包围，它的分子就会向四面八方冲出去，气体就会无限地扩散到周围的空间里。

对于地球大气层来说，其上方当然没有玻璃覆盖，这种无限制的扩张会受到地球引力的阻碍。向上运动对抗重力的气体分子很快就会失去它们的垂直速度，就像普通子弹射向天空时一样。然而，如果我们使用某种"超级大炮"给子弹一个足够高的初始速度来克服地球的重力作用，子弹就会逃逸到行星际空间，永远不会再落回地球。根据地球表面已知的重力值，我们可以轻易计算出"逃逸速度"应当是每秒 7 英里，这在今天可以通过多级火箭实现。一个特定行星的逃逸速度与抛射物的质量无关，无论是重达 1 吨或更重的炮弹，还是空气中最小的分子，它们的逃逸速度都是一样的。这是因为抛射物的动能和作用在它上面的引力都与它的质量成正比。

因此，要确定大气分子是否能从地球逃逸，我们必须知道它们移动的速度。物理学告诉我们，分子速度随着气体温度的升高而增加，而较重元素的分子速度较小。例如，在水结冰的温度下，氢气、氦气、水蒸气、氮气、氧气和二氧化碳的分子速度分别为每秒 1.12、0.81、0.37、0.31、0.28、0.25 英里；在 100 ℃时，这些分子速度将会增加 17%；而在 500 ℃时，它们将会增加 68%。将这些数值与从地球逃逸所需的每秒 7 英里的速度相比较，读者可能会倾向于相信这些气体中没有一个能够从地球大气层中逃逸。

这个结论并不完全正确，因为上述给出的分子速度只是平均值，也就是说，大多数分子以这些速度运动，但总有一定比例的较慢或较快的分子。这些异常快或异常慢的分子的相对数量由詹姆斯·克拉克·麦克斯韦制定的分布定律给出。通过麦克斯韦分布定律，我们可以计算出具有从地球逃逸所需速度的分子的比例，这个比例小到用一个带有小数点后两百个零的小数来表示！但由于总有一些分子能够逃逸，这样的结果是它们的位置将被之前运动较慢的其他分子取代。这种"逃亡者"的百分比在氢分子中要大得多，因为氢分子的平均速度更高；而在二氧化碳分子中就低得多，因为二氧化碳分子的平均速度更低。

因此，我们可以看到，行星的大气层正逐渐被这种逃逸过程"过滤"，大量的较重气体在较轻气体几乎完全消失后仍然长期存在。至于"失去的大气层"，问题不在于某个行星是否会失去其大气层（任何行星只要给予足够的时间都会失去其大气层），而在于所涉及的行星是否真的在其存在期间失去了其大气层。

行星和卫星的大气层

计算表明，地球很可能在其诞生后的 50 亿年中失去了大部分的氢气和氦气，而较重的氮气、氧气、水蒸气和二氧化碳应该仍然大量存在。这解释了为什么氢气实际上在地球的大气中是缺失的，它在地球上只以水和某些水合物的形式存在。这也解释了为什么惰性气体氦几乎不形成任何化合物，且在地球上如此稀少，尽管有天文学证据表明它在太阳和其他恒星及星云中是丰富的。

遵循骑士精神，我们现在来谈谈金星，它是大小仅次于地球的行星，其逃逸速度为每秒 6.7 英里，略低于地球。因此，我们可以预测金星拥有一个比地球大气层略微稀薄的大气层，其中含有大量的水分。由于金星比我们更靠近太阳，因此接收到更多的太阳辐射，这些水分很多都以云的形式存在，这些云层遮住了爱神^①美丽的面容，这让我们永远看不见它的真面目。这些被太阳光照射的白云，赋予了金星极高的表面亮度，使其成为行星中最亮的一个（图3-1）。

图 3-1　金星的一个相位

(这颗行星能发光是由于覆盖其日间大气的厚云层具有很高的反射能力；图片为叶凯士天文台提供)

至于火星（图3-2），它是大小仅次于金星的行星，它的逃逸速度仅为每秒3.1英里，我们预测它的大气层比地球的要稀薄得多，这一预测值与直接观测的结果一致。图3-2展示了两张火星的照片，其中一半的星球是用紫外线拍摄的，另一半是用红外线拍摄的。由于紫外线被大气层大量散射，星球表面的详细信息在那张照片中根本看不出来，图像实际上代表的是火星大气层本身的照片。将这一半的图像与另一半用红外线光拍摄、不受大气层影响的图像进行比较，我们能够观察到大气层的范围。火星上存在大气层的另一个证据是，有时候能在火星表面观察到小白点状的云（图3-3）。而且，这些云比地球上的云要稀薄得多，由此我们可以得出结论，水资源在这颗好战的星球

---

① 金星（Venus），在罗马神话中被称为爱神维纳斯（Venus）。

上相当稀缺。尽管有证据表明火星表面存在液态水，但并没有像我们地球上那样的海洋，水可能主要以广阔的沼泽地和浅湖的形式分布。

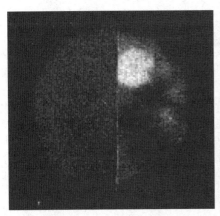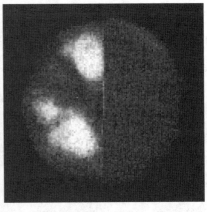

图 3-2　火星的两张图片
(其中一半的星球是用紫外线拍摄的，另一半是用红外线拍摄的，由于红外线容易被大气层反射，红外线图像的较大尺寸显示了火星大气层的范围；图片为利克天文台提供)

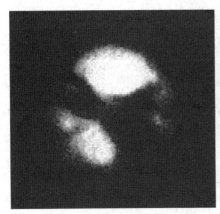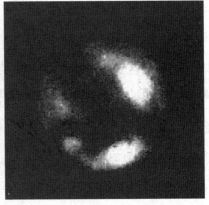

图 3-3　连续数个夜晚拍摄到的其中两张火星照片
(有时可以在星球表面观察到白色斑点状的云朵，但在接下来的晚上它们已经完全消失)

意大利天文学家乔瓦尼·夏帕雷利在观察火星表面时，注意到了一些看起来像细长直线的物体，它们穿过了这个星球的表面。接替他工作的美国天文学家珀西瓦尔·罗威尔确信这些线条是由火星工程师建造的运河。然而，本章后面会讨论更近期的观测结果，所谓的火星运河其实只是一种视觉错觉。

现在我们来谈谈最小的原始行星——水星，它的质量是地球的 1/25，逃逸速度仅为每秒 2.1 英里。作为一个如此小的行星，水星在气体从其冷却的地表释放出来后，很快就失去了它的大气层及水分供应。

同样的情况在月球（逃逸速度为每秒 1.5 英里）上表现得更加明显，并且在所有其他卫星和所有的小行星上也是如此。有趣的是，小行星爱神星上的重力如此之小，以至于用一台好的弹射器向上投掷的石头会飞走并且永远不会回来！

当我们把目光转向更大的行星，比如木星、土星、天王星和海王星，它们的逃逸速度分别为每秒 38、23、13、13.6 英里，我们会发现一个完全不同的情况。这些行星的大气层不仅保留了氧气、氮气、水蒸气和二氧化碳，而且还保留了大部分最初存在的氢和氦。

由于太阳上氢的含量远多于氧，这些大行星也是如此：所有的氧将以水的结合形式存在，大气中几乎没有氧气，而主要有氮气、氢气和氦气。我们可以预测到，由于氢的含量如此丰富，它将与碳和氮结合，形成有毒的气体——甲烷，以及挥发性的氨化合物，这些气体将充斥在这个致命的大气中。实际上，对这些大行星反射的太阳光进行分析，确实显示出由这些气体引起的强烈吸收线。但光谱分析没有显示出水蒸气存在的迹象，而水蒸气本应该存在于这些行星的大气中。不过，这种缺失很容易解释，因为它们的表面温度如此之低（因为它们距离太阳很远），所以所有的水都以雪和冰的形式降落了。

图 3-4 和图 3-5 分别是木星和土星的照片。这些圆盘上的标记源于大气层，行星的固体外壳被厚厚的、不透明的气体层完全隐藏。

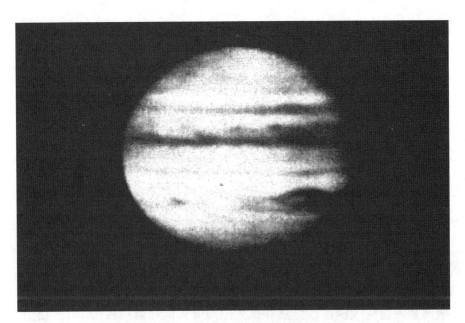

图 3-4　显示了源于大气层的水平层的木星照片
（威尔逊山天文台提供）

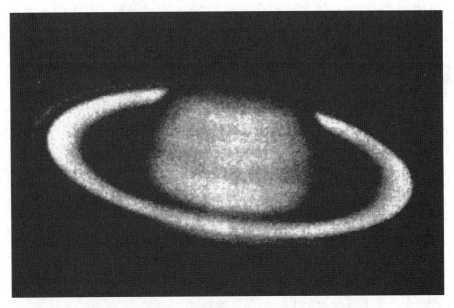

图 3-5　显示了与木星相似的大气层分层的土星照片
（这些环是由大量小颗粒围绕行星旋转形成的；图片为威尔逊山天文台提供）

行星上生命存在的条件

当我们讨论其他行星上生命存在的可能性时，我们触及了一个微妙的问题，因为我们实际上并不知道生命是什么，或者与地球上不同的生命形式可能是什么样子。毫无疑问，在熔岩的温度（约982.2 ℃）或绝对零度（约 −272.8 ℃）下，任何形式的生命都是不可能存在的，因为所有物质在这些温度下都变得非常坚硬或变为气态，但这些都是极其宽泛的界限。如果我们将自己限制于在地球上发现的普通生命形式，我们可以将这些界限大致缩小到水保持液态的温度范围，水是有机结构的最基本成分。当然，一些细菌可以在沸水中暂时存活，而北极熊和因纽特人则可以生活在永久冰雪带。但在第一种情况下，细菌的死亡只是时间问题；在第二种情况下，我们讨论的是高度发达的有机体，它们依靠皮毛和体内自然氧化过程来保持体温。从我们对最基本形式的生命进化的了解，可以毫无疑问地得出结论，如果地球上的海洋永远沸腾或被永久冻结，生命就不可能在地球上起源或发展。

当然，我们可以构想出完全不同类型的生命细胞，其中硅可能取代碳的位置，从而使这些细胞能忍受更高的温度。同样，我们可以想象包含乙醇而非水的有机体，因此它们在冰川温度下不会冻僵。然而，如果这样的生命形式是可能的，就很难解释为什么在我们的极地地区找不到这样的"乙醇"动植物，以及为什么沸腾的间歇泉中完全没有"硅基生命"。因此，极有可能的是生命在宇宙中存在的条件与在地球上存在的条件大致相同。接受这个暂时的假设，让我们现在来研究太阳系中各种行星上生命存在的条件。

我们从大型的外行星开始调查，我们承认，它们巨大的身体上几乎没有生命存在的机会。正如我们所看到的，这些行星太冷了，而且它们有毒的大气层中既没有氧气，也没有二氧化碳，更没有水分，因此在那里不可能存在生命。

在较小的内行星中，水星不仅缺乏空气和水，而且它离太阳如此之近，以至于其向阳面的温度高到足以熔化铅！你可能还记得，水星只有一个半球能见到阳光，因为太阳的潮汐作用很久以前就减慢了水星的自转速度，使其总是同一侧对着太阳。在相反的一侧，永恒的黑夜统治着它，那里的温度远低于水的冰点——当然也没有水可以冻结。因此水星上不可能存在生命！

这让我们只剩下两颗行星——金星和火星，我们的内邻和外邻。两者都拥有与地球类似的大气层，并且有明确的迹象表明，两者都拥有充足的水量。

就表面温度而言，金星通常应该比地球稍微暖和一些，而火星则稍微凉爽一些。金星表面被一层厚厚的云层遮住，这让测算地面的温度变得有点困难，但我们没有理由认为金星上的温度和湿度会比地球上炎热潮湿的热带地区更糟。尽管通过肉眼观测获得关于金星自转的确切信息非常困难，但一些近期的雷达测量表明金星自转的速度非常慢，自转一次可能需要 225 天，这也是它围绕太阳公转的周期。如果真是这样，金星上就没有昼夜更替，金星的一面总是背对着太阳，将永远处于黑暗中。总的来说，这幅图景并不那么令人欣喜，但我们或许可以推断，在金星上可能存在某种形式的生命。

金星上是否真的存在生命则是一个完全不同的问题，乍一看似乎根本无法回答，因为没有人见过它的表面。然而，通过对其大气进行光谱分析，我们可以获得有关金星上是否存在活细胞的某些信息。如果一个行星表面有任何类型的植被存在，那么它的大气中肯定会有一定浓度的氧气，因为植物的主要生理功能是分解空气中的二氧化碳，在生长过程中消耗碳并释放氧气。正如我们看到的，地球上大气中的所有氧气可能都是植物的功劳；如果某种灾难导致地球上的草地和森林消失，大气中的氧气很快就会在各种氧化过程中被消耗完。对金星大气的光谱分析没有显示自由氧的存在，尽管科学家从金星的大气中能够检测到的氧含量是地球大气中氧含量的 1/1000。这使我们得出结论，金星表面没有大面积的植被。没有植被，动物生命几乎是不可能存在的。毕竟，动物不能仅仅通过相互捕食来维持生存。此外，它们也没有氧气可以呼吸。

因此，可以相当确定的是，虽然金星的环境条件相对有利，但由于某种原因，生命未能在金星表面发展。其原因可能是金星的向阳面有厚厚的云层，这阻挡了太阳光线穿透到地表，无法支持植物的生长。

1962 年 8 月 27 日，美国向金星发射了名为"水手 2 号"（第一个发射失败）的行星际空间观测站。它由阿特拉斯－阿吉纳组合火箭送入太空，并计划于 1962 年 12 月 14 日与金星会合。"水手 2 号"重 447 磅[①]，在折叠状态下，直径为 5 英尺，高度略低于 10 英尺。进入行星际空间后，它的太阳能板和天线展开，使其宽度达到 16.5 英尺，高度为 12 英尺。这些类似翅膀的太阳能板——在真空中飞行当然是不必要的——由 9800 个光电管组成，总面积为 27 平方英尺。它们吸收太阳辐射并将其转化为电力，电力功率范围在 148～222 瓦，这取决于它们相对于太阳的位置，太阳在太空中"永不落山"。太空探测器装有一个双向无线电装置用来接收地球上的"飞行员"调整其航线微小变化的指令，也可以在飞行过程中向设计和发射它的地球人报告其发现。

"水手 2 号"装备了各种各样的小工具，以便它在漫长的飞行过

---

① 1 磅约等于 0.454 千克。

程中，特别是在 12 月 14 日最接近金星的时候能够给地球传输数据。那时候，它在金星表面上方约 20900 英里（约为地球直径的 2.5 倍）的地方飞过。微波辐射计和红外辐射计提供了与金星大气属性相关的有价值数据，而磁力计测量了金星的磁场及整个旅程中太空中的磁场。"水手 2 号"还有用于测量来自太阳的高能宇宙射线和低能粒子的强度的设备，并且携带了一个"发声板"（5 英寸 × 10 英寸），其与一个灵敏的麦克风相连，记录了在行星间及星际空间中四处飞驰的宇宙尘埃粒子的撞击声。

这真是和爱神的一次约会啊！"水手 2 号"在靠近金星时传回的数据，让我们对金星的磁场有了重要的发现。飞船上的磁力计没有探测到任何像地球周围那样的磁场。这个发现和我们在下一章要讨论的地球磁场起源理论完全一致，该理论说地球的磁场是由地球快速自转引起的铁核对流产生的。就像我们之前提到的，金星自转的速度应当是地球自转速度的 1/225。所以，没有快速自转，就没有铁核中的对流，也就没有磁场。

如果没有磁场，我们就不会期待金星周围有像地球的范艾伦辐射带那样的区域，其中带电粒子被地球的磁场捕获。事实上，"水手 2 号"上搭载的粒子通量探测器没有发现任何辐射，表明金星周围没有这样的辐射带。可怜的老爱神！没有指南针，没有范艾伦辐射带，大概在她北部地区也没有美丽的极光。

火星的荒芜面貌

我们的近邻火星是唯一一颗表面能被较为详细地观测到的行星，因此人们对它的了解远远超过对其他所有行星的了解。在它最接近地球的时候，只有 34797000 英里。它的大气层清晰透明，偶尔有小云朵。对其大气层的光谱分析显示，只有微量的自由氧和水分的痕迹。

因为火星的逃逸速度相对较低，所以它的大气层比地球的稀薄得多，大气压只有地球的 1/10。一个在火星上的宇航员感受到的大气条件和飞机驾驶员在极高空感受到的是一样的。自从火星形成以来，显然也差不多失去了所有的水，所以那个星球的气候可能非常干燥。

通过望远镜观察，火星的表面看起来相当平滑，没有像地球上那样明显的山脉。不过，火星表面有一些永久性的标记，这些标记暗示了一种特定的地貌[①]。火星大约 5/8 的表面是红色或橘红色的，给这个星球带来了一种普遍的红色调，这让古人把它和战神联系起来。这些区域的颜色总是不变的，基本上可以确定它们是岩石或沙地，没有植被。火星表面剩下的 3/8 由蓝灰色或绿色的区域组成，这些区域最初被认为是像我们的海洋和大海那样的大型水域。因为这个假设，这些区域仍然有像"塞壬海"和"珍珠湾"这样的名字。但这些较暗的区域不是水面，因为如果是的话，它们的颜色会更加均匀，更重要的是，在有利的条件下，它们会反射太阳光。蓝色和绿色的色调暗示了植被的存在，这个假设从它们颜色的季节性变化中得到了强有力的支持。实际上，这些区域的绿色在它们所在半球的春季最为明显，随着冬季的临近，颜色逐渐变淡，变成黄褐色。很难想象，除了地球上的植被，还有什么能产生这样的效果。美国天文学家杰拉德·柯伊伯的光谱研究表明，这些较暗的区域可能是被苔藓或地衣覆盖的平原，就像覆盖在地球岩石上的那些苔藓和地衣一样。

尽管在火星表面找不到明显的自由水区域，但有充分的证据表

[①] 火星表面的这些山脉在行星日落时投下的长影将很容易被辨认出来。

明，火星表面存在雪和冰，它们在火星的两极形成了两个明亮的白色极冠（图 3-6）。火星最明显的季节变化出现在其极冠上。在冬季，它们几乎延伸到与赤道距离的一半（用地球上的说法就是波士顿纬度的地方会下雪）；在春季，太阳光的照射将它们"推回"两极。火星的南极冠有时在南半球最热的日子里完全消失。在火星的北半球，即两个半球中较冷的一个（与地球上的情况完全相反 [①]），雪永远不会完全消失，它只是减少到变为北极附近的一个小小白点。火星极冠的消失并不是因为它的气候更温暖（我们知道它比地球更冷），而是因为水相对稀少，这阻止了厚冰层的形成。如果雪只在地球的两极形成薄薄的冰层，这些冰层在太阳下融化的速度甚至比火星极冠还要快。

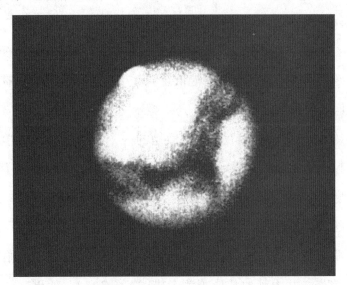

图 3-6　1909 年 9 月 28 日，火星最接近地球时的照片
（顶部的白点是极地冰冠，地表较浅的部分代表沙漠，而较暗的部分可能是被地衣和苔藓覆盖的低地；图片为叶凯士天文台提供）

　　研究火星极冠的生长和融化，可以帮助我们估算火星上不同地形

---

　　① 由于地球轨道是椭圆形状，因此地球在北半球冬季更接近太阳，在北半球夏季则离太阳更远。这使得北半球的冬季更温和，夏季更凉爽；而南半球则冬季更冷，夏季更温暖。南半球更冷的冬季导致了南极冰冠的形成，其比北极的冰冠要大。

特征的相对高度。春天雪线向两极退去时，会留下一些白色的斑点，这些斑点表示地势较高的区域。而且，随着冬天的临近，雪也是先在这些区域开始下[①]。因为"第一场雪"总是在火星的红色区域出现，我们得出这些区域地势相对较高，植被集中在地势较低区域的结论。不过，火星上高地和低地之间的高度差并不大，这一差异比地球上小得多，如果地球上的海水扩散到行星际空间，留下曝露在空气中、覆盖着植被的海底，那么高度差会更大。

火星表面的气温条件，使火星看起来是太阳系中除地球外最适合生命存在的地方，也挺有意思的。用一种叫作辐射计的超级敏感仪器测量，这种仪器能记录远处物体辐射的热量，结果表明火星赤道正午的温度只有 50 ℉[②]，或者可能稍微高一点。日出后或日落前，即使在赤道地区，温度肯定远低于水的熔点，且夜晚肯定非常冷[③]。极地地区当然更冷；在冰冠处，温度可能低至 –94 ℉。这样的气候很难说是舒适的，但对植物甚至动物来说，还不至于完全不能生存。

大约 60 年前，珀西瓦尔·罗威尔的一个浪漫声明在科学界和公众中引起了巨大轰动。罗威尔声称他发现了证据，不仅证明了火星上存在动物生命，而且还证明了火星"居民"存在高等文明。

他的说法是基于所谓的"火星运河"，这是一系列笔直、狭窄、界限分明的线条，构成一个几何网络，首次由乔瓦尼·夏帕雷利在 1877 年报告，并由其他几位观测者描述（图 3-7）。如果这样的"运河"真的存在，它们在几何上的完美规律性只能解释为智能生物活

---

① 在火星表面，我们无法观察到像地球上山区永久积雪那样的永久冰层。这是火星上缺乏高山的额外证据。

② 摄氏温度与华氏温度的换算关系为：℃ =（℉ −32）÷1.8。

③ 偶尔在火星的日出区域附近会观察到一些小的白色斑点；当太阳在那个区域升高时，它们会迅速消失。毫无疑问，这些白色斑点与在寒冷夜晚在地球表面形成的霜非常相似。

动的结果。罗威尔提出了一个大胆而巧妙的理论，即这些运河是由火星人建造的，他们面临水资源短缺的问题，在这个濒临死亡的星球上绝望地为生命而斗争，建造了一个巨大的灌溉系统。根据罗威尔的说法，火星表面的运河代表了沿着这些人工水道延伸的公园和花园区域，这些水道穿过贫瘠的、带有红色的沙漠。据他想象，在一个半球的初春，当一个极冠的雪开始融化时，产生的水被火星人沿着这些运河抽送，以供应干旱的赤道地区，他甚至尝试根据运河颜色的逐渐变化来估算水流速度。

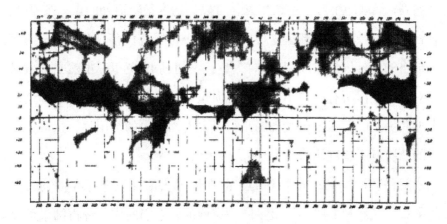

图 3-7　B.J.特朗普勒根据 1924 年的目视观测绘制的火星运河地图
（利克天文台提供）

这些推测非常激动人心，如果"运河"真的存在，它们也将具有很大的价值。不幸的是，它们并不存在，这一点已经通过使用更高级的望远镜和更先进的摄影方法进行观测得以证明。看来，许多观测者报告的运河网络只不过是光学错觉，这种错觉源于人眼在观察接近可见性极限的物体时，倾向于将细节用狭窄的线条连接起来，形成几何图案。火星表面有无数的暗斑，但没有直线或运河将它们连接起来！而且柯伊伯在 1956 年进行的研究表明，火星仅存在非常原始类型的植被，并不适宜居住。

太阳系中的奇怪成员

除了常规的行星及其卫星，太阳系里还有一些"怪胎"，它们可能是在太阳系形成后的某个时期出现的。我们已经提到了位于火星和木星之间的小行星带，根据提图斯－波德规则和魏扎克理论，那里本该有一颗额外的行星。尽管大多数小行星在火星和木星之间的区域移动，但有些小行星超出了这一范围。例如，小行星爱神星在其最接近太阳的轨道上穿过火星的轨道，可以从地球上仅 1380 万英里的距离观察到；最远的小行星希达尔戈，可以到达木星轨道外的点；谷神星、智神星、婚神星及灶神星这样的较大的小行星直径有数百英里，而可见最小的小行星是"断裂山脉"，直径不超过 10 英里。虽然它们数量相对较多，但所有已知小行星的总质量与地球相比仍然很小，即使算上那些更小的、尚未被发现的小行星。人们得出的结论是，这群小行星的总质量不超过地球的 1/100。

就像我们在第一章看到的，落在地球表面并被保存在博物馆里的陨石，显然和那些小行星是同一家族的，它们的成分分析结果可以告诉我们一些关于小行星带起源的事情。这个方向的研究显示，陨石的物质一定是在非常高的压力下结晶形成的，这个结论也通过在一些铁陨石中发现小钻石的事实得到证实。这些发现给予一个理论强烈支撑：陨石或小行星，曾经是一个在火星和木星之间的轨道上运行的大行星的碎片，而不是因某些因素而未形成行星的太阳原始物质的凝结。

太阳系中的另一个"怪咖"是冥王星，它于 1930 年在理论计算的基础上被发现。冥王星在海王星轨道之外沿着一个相当不寻常的轨道运行。别的行星轨道几乎都是圆形的，只是轻微地倾斜于黄道面，但冥王星的轨道却明显拉长，倾斜角度大约是 18°。有意思的是，冥王星离太阳最远的时候，比海王星还要远得多；但它离太阳最近的时候，又比海王星轨道的半径小一些，所以这两个轨道实际上是交叉的。通过直接观测冥王星直径，天文学家得出结论，其质量仅为地球的 3%，这使其成为行星家族中最小的成员。所有这些都指向了一个结论，即冥王星可能不是原始行星之一，而是海王星的一个卫星，由于与海王星的其他两个卫星——海卫一和海卫二的引力冲突，被"踢"出了原来的轨道进入太阳轨道。这两个剩余卫星的轨道留存着数十亿年前发生的那场战斗的证据：海卫一围绕海王星逆行，而海卫二的轨道则非常古怪。

在冥王星的轨道之外，有一个广阔的区域，那里聚集着很多彗星，它们偶尔会靠近行星系统，并在强烈的太阳辐射的作用下形成耀眼的"尾巴"。对彗星的研究表明，它们主要由碳、氮和氧的化合物（如甲烷、氨和水）和氢化合物组成，即在行星形成过程中构成大气层的物质，后来被太阳光的辐射压力吹散。到这里，我们就完成了对太阳系主要特征的描述。

第四章
我们脚下的空间

越深处越炙热

从活跃的火山口冒出的黑烟、顺着山坡倾泻而下的炽热熔岩、温泉和喷发的间歇泉，这些现象让古代的人觉得，死后罪人的脚底下不远的地方，有熊熊燃烧的烈火。

在 19 世纪中期，有一位很有名的德国地质学家——奥托·利登布洛克教授，他从大学图书馆借了一本旧书，在里面发现了一张羊皮纸，上面用古老的冰岛如尼文写着一些文字。他把这些文字翻译成拉丁文后，发现了一个密码。解开这个密码后，发现它的意思是：

勇敢的旅行者，去到斯奈菲尔火山的约库尔火山口，那个地方在斯卡塔里斯的阴影下。你只要下去，就能到达地心，就像我当年一样。

——阿恩·萨克努塞姆

通过快速查找，发现阿恩·萨克努塞姆是 16 世纪北欧的一个炼金术士，他被指控为异端，最后被烧死在火刑柱上，那火还是用他自己写的书点燃的。斯奈菲尔的约库尔是一座不活跃的火山，它耸立在冰岛的一座冰川之上。利登布洛克教授带着他的侄子阿克塞尔和一名叫汉斯的向导，从雷克雅未克出发，下到了火山口。他们沿着一条长长的斜坡走廊穿过玄武岩，来到一片巨大的地下海域，这片海大得看不到边。在这里，他们可以熄灭火把，因为有一种漫射光提供了足够的照明，这可能是岩石发出的某种化学光。汉斯造了一只木筏，他们就乘着木筏朝东南方向出发了。经过几天的危险旅程，他们的木筏差点被在附近打斗的一只鱼龙和一只蛇颈龙掀翻，最终他们来到了一个隧道口，根据阿恩·萨克努塞姆留下的标记，这条隧道通向地心。但是，自这位著名的炼金术士于 13 世纪来过这里之后，通道已经被岩石塌方堵住了，他们不得不用强力的爆炸物炸开一条路。爆炸产生了一条巨大的裂缝，地下海的水冲了进去，连同木筏和旅行者一起直奔地心。但是在中途，下冲的水流遇到了上升的熔岩流，他们发现自己正漂浮着向地球表面上升，而他们的木筏的木头正在迅速被烧焦，眼看就要着火了。幸运的是，在灾难发生之前，他们从意大利的斯特龙博利火山口被抛了出来。

读者可能已经猜到了，这个故事并不是来自那个时代的什么地质学杂志，而是来自一本名为《地心游记》的书，这本书是由著名的法国小说家儒勒·凡尔纳写的，出版于 1864 年。如今，我们有了更好的方法来研究地球内部：不是下到火山口，而是通过在地壳中钻深孔从而得到信息用于研究。

虽然我们能够达到的深度有限，但研究揭示了一个极其重要的事实：随着我们深入地下，岩石的温度会稳步上升。在深矿中，温度总是会变得相当高，比如在世界上最深的金矿——罗宾逊深矿（位于南非）中，墙壁非常热，以至于不得不安装一个价值 50 万美元的空调设备，防止矿工被活活烤死。关于地球表面下温度分布的最全面数据，是通过在全球数千个不同地点进行深井钻探获得的。这些井的测量显示，温度随深度的增加而升高是普遍现象，并且几乎不受观测站地理位置的影响。接近地表时，由于气候条件的影响，总会有一些偏离均匀性的情况，位于极地冻土下几百英尺深的岩石自然比撒哈拉沙漠下的岩石要冷一些。海底钻探测量也表明，水下岩石的温度比同深度下大陆下的岩石要低。然而，所有这些差异都仅限于地壳相对较薄的外层，而在更深处，等温表面与地球表面非常接近平行。图 4-1 显示了可达到的地壳外层的观测温度的变化，表明那里的温度上升非常稳定，平均每千英尺约上升 16 ℉。

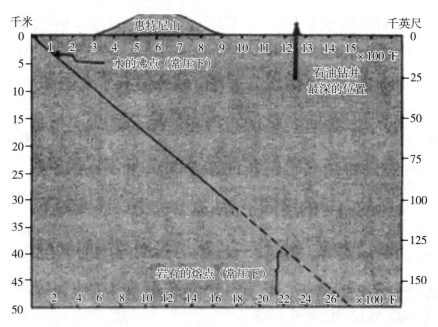

图 4-1 地球温度与地表深度的关系图

由于地球表面的平均气温约是 68 ℉，岩石的温度在仅 1.5 英里深的地方就会上升到水的沸点。如果地表水通过地壳中偶尔出现的裂缝渗透到这个深度，就会开始沸腾，并以蒸汽的形式被喷发出去，形成了对黄石国家公园的游客来说非常熟悉的壮观的热间歇泉（图

4–2）。

图 4–2　黄石国家公园的喷泉
（蒸汽和热水周期性的喷发是因为地表上的水从地壳裂缝中渗漏，达到 1.5 英里的深度时，接触到内部高温的岩石而被加热到了沸点）

　　如果温度的上升按照已探测到的速率持续下去，在地表以下仅 30 多千米的深度，就会达到岩石熔化的温度（即 1200 ～ 1800 ℃）。这似乎毫无疑问，地球上众多火山喷发出的熔岩大约起源于这个深度。实际上，对火山口内部熔岩的温度进行测量，结果总是约为 1200 ℃，这与约 30 千米的深度相对应。火山爆发，很久以前就使得古人假设"地狱"位于他们脚下的某处，这给我们提供了最好的证据，证明我们赖以生存的坚实地壳是多么的薄。

地　震

就像医生使用听诊器可以在不切开患者身体的情况下了解患者的内脏状况一样，现代地球物理学家也可以通过研究穿过地球内部的弹性波来获取地球深处的信息。这些弹性波源自地壳的变形。很多时候，某个变形区域的地壳岩石无法承受这种拉伸力，就会像受坚果钳挤压的坚果壳一样裂开。这些局部的地下灾难会导致附近地壳的震动，尤其是在非常严重的情况下，全球表面的地壳都会受到影响。研究这些现象的科学叫作地震学，它通过研究通常被称为地震的地震波，使我们了解到很多关于地震波传播的地球内部的物理特性。我们可以通过引爆从几磅三硝基甲苯到氢弹不等的爆炸物，并研究它们在地球内部引起的弹性变形的传播来进行类似的研究。

固体材料，无论是岩石、金属还是橡胶，都会抵抗那些试图改变它们体积或形状的外力。如果一个由弹性材料制成的立方体被固定在一面坚固的墙上（图 4-3），我们在一个垂直于墙面的方向上施加压力，立方体会被压缩，但在压力移除后会恢复到原来的体积。不同的材料有着不同的可压缩性，这取决于它们内部的结构。

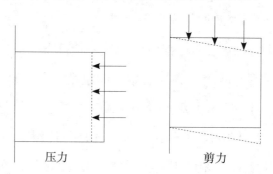

图 4-3　压力和剪力对一端固定在墙面上的立方体的作用效果

还有一种改变固体形状的方法，即改变它的形状而不是体积。实际上，如果我们不是从立方体的侧面施加压力，而是在其上表面施加一个向下的力，那么立方体的形状就会改变，但其体积保持不变。这种变形被称为剪切，与刚刚描述的压缩不同。不同材料对剪切力的抵抗能力也取决于它们的内部结构，但与抵抗压缩的方式不同。例如，液体的抗压性与固体差不多，然而，它们根本无法抵抗任何形变。

我们来思考一下，一根长的实心杆，用锤子敲击它的一端（图4-4）。如果敲击是沿着杆的轴线进行的，那么末端的材料就会被压缩，这种压缩将以一定的速度沿着杆的长度传播。如果敲击垂直于杆的轴线进行，它会导致剪切，即形状改变而体积不变。这种变形也会以一定的速度沿着轴线传播，这个速度取决于杆的材料对剪切力的抵抗强度。压缩波或压力波（P 波）的速度通常与剪切波（S 波）的速度不同，在大多数材料中，P 波的传播速度大约是 S 波的两倍。

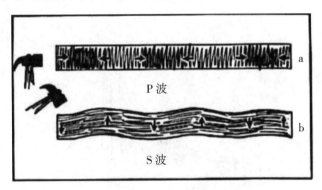

图 4-4　固体杆中的压力波和剪切波
（在顶部的条形图中，暗部区域是受压区，亮部区域是扩张区，其中所有的变形均以夸张的比例绘制）

如果在刚才提到的例子中，我们用锤子以与其轴线呈 45° 的方向敲击，那么两种波都会产生，而且压缩波会在剪切波传播开来之前传播。这正是我们所预测的，也是在地震波从震中穿过地球内部传播到离震中一定距离的地表（震中区）时实际观察到的现象。为了测量地震期间地壳的运动，地震学家使用一种名为地震仪的敏感仪器。这种仪器基本上是依据惯性定律制成的，根据这个定律，任何处于静止状态的物体都倾向于保持静止状态。

有许多不同类型的地震仪系统，其中一种被称为水平摆式地震仪，如图 4-5 所示。它主要由一个可以围绕垂直轴 B 以极小摩擦移动的重物 A 组成。如果承载这个装置的地面被地震波在与图纸平面垂直的方向上猛拉，由于其惯性大，重物 A 保持不动，支架相对于重物的位移被记录在旋转的圆柱 C 上。两个仪器相互垂直安装，可以提供关于地震引起的水平位移的完整信息。为了测量垂直位移，我们使用一个悬挂在弹簧上的重物，当地表被上下猛拉时，重物保持静止，重物和支架之间的相对运动也可以记录在旋转的圆柱 C 上。综合所有数据，我们可以得到关于地震引起的地表位移方向和强度的详细信息。

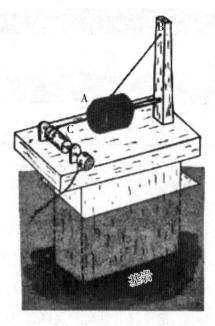

图 4-5　地震仪（水平摆式地震仪）的示意图

区分P波和S波的可能性基于这样一个事实：由P波引起的地面运动与其传播方向相同，而由S波引起的地面运动则与其传播方向垂直。确实，人们观察到两次连续的震动，它们之间有一个短暂的平静期，第一次震动是由P波引起的，第二次震动是由S波引起的。

莫霍洛维奇界面

1909年10月8日，克罗地亚的库尔帕山谷发生了一场强烈的地震，这场地震震动了这个小国家，并向整个欧洲传播了地震波。许多地震观测站记录到了这次地震产生的P波和S波，原本认为这是一次双重震动。但对于在克罗地亚出生的地震学家安德里亚·莫霍洛维奇来说，这次地震并不简单，于是他想要全面了解这场发生在他家乡的地震究竟是怎么回事。莫霍洛维奇通过比较与震中点不同距离的观测站记录的数据，发现两个P波到达的时间有些不对劲，这两个P波之后分别是相应的S波。在距离震中不到100英里的地方，首先到达的P波和S波组非常猛烈，随后是较弱的第二组P波和S波。然而，在更远的距离，情况却相反：在一组较弱的P波和S波到达之后，经过长时间的延迟，才是更猛烈的一组。这种延迟随着记录站到震中点距离的增加而有规律地增加。通过这些观察，莫霍洛维奇发现了地球内部的一个分界面，这个界面现在被称为莫霍洛维奇界面，简称莫霍界面。这个界面的发现标志着地壳和地幔之间的边界的确定，这是地震学的一个重要发现。

解释这些现象唯一可能的方式是假设在克罗地亚只发生了一次震动，但是从震中传播出来的地震波可以选择两条不同的路径：一条慢的和一条快的。可以想象成一条高速公路和一条慢速的乡村道路，乡村道路距离高速公路几英里远，经过城市 A、B（图 4-6）。一个人可以通过高速公路到达所有这些城市，只需在正确的出口下高速。如果一个人住在城市 A，想去城市 B 拜访朋友，他有两个选择：一个是全程走乡村道路 AB；另一个是开车到最近的高速公路入口，沿着高速公路行驶一段时间，然后在下一个出口下高速公路。如果从 A 到 B 的距离很短，他不走高速公路会更快。但是，如果距离很长，那么先花点时间上高速公路，然后沿着它快速行驶以弥补损失，这肯定是更合理的。

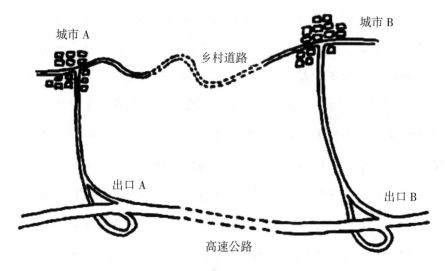

图 4-6　遥远城市之间两条不同的路
（高速公路应该会更快一些，但是相比乡村道路来说却有些绕远）

　　根据这个比喻，莫霍洛维奇认为在地球表面下某个深度存在岩石，地震波通过这些岩石比通过上层地壳传播得更快。因此，先到达的不是直接前往观测站的地震波，而是穿过地球更深层的地震波（图 4-7）。他计算出在欧洲大陆，这个"地震高速公路"位于地表以下约 35 英里处，穿透如此深的地震波的速度大约是接近地表传播的地震波的 2 倍。由于地震波在较重材料中的速度通常更快，莫霍洛维奇假设在那个深度以下，地球的组成物质一定比形成外层地壳的花岗岩和玄武岩的密度大得多。例如，这些下层岩石可能含有的铁比形成外层地壳的岩石多得多。

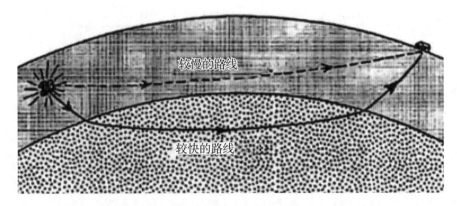

图 4-7　地震波在莫霍洛维奇界面中不同深度的传播路线的速度差异

进一步的研究表明，地球的外层地壳和内层地幔之间的这个边界——莫霍界面——是环绕整个地球的。不过，在大陆地区，莫霍界面通常位于海平面以下约 20 英里的深度，而在海洋盆地中，地壳要薄得多，地壳与地幔的边界仅在海底下方约 3 英里的地方。

"莫霍钻探"一词则用于指代一个旨在钻穿地壳、深达其下方地幔的项目。由于在大陆表面下钻一个 20 英里深的井到达莫霍界面显然是一项不可能完成的任务，唯一能够到达莫霍界面并发现地球地幔组成物质本质的方法是钻透海底薄薄的地壳。当然，要从海底开始钻探，人们必须从水面船只上将钻头下沉，穿过几英里深的海水，但实际上只需要钻探两三英里。图 4-8 显示了拉蒙特地质观测站根据地震和重力测量得到的波多黎各附近地壳的剖面图，箭头指示了在这个地区最有可能钻探成功的地点。

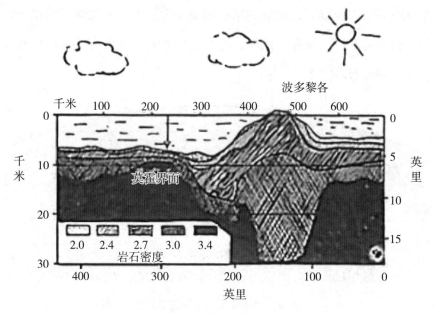

图 4-8 波多黎各附近的地壳剖面图
(拉蒙特地质观测台提供)

　　这个深海钻探的想法于 1952 年一个炎热的夏日，在华盛顿特区的海军研究办公室诞生，后来成为在美国国家科学院和国家研究委员会的指导下的一个全国性项目，得到了多个石油公司的技术支持，这些公司至少在浅水区域有丰富的海底钻探经验。美国国家科学院和国家研究委员会在 1961 年发表的题为《在拉霍亚和瓜达卢佩进行深水实验性钻探》的报告，总结了第一次尝试钻探的结果。

　　1961 年 4 月，世界上第一次海洋钻探实验成功完成。这次实验需要 2 年的时间来进行规划和准备，包括理论和模型研究、工程设计、购买设备、船厂建造及船只安装、深水作业等。

　　卡斯一号是一艘经过改装的钻探驳船，它在 1961 年成功完成了世界上第一次深海钻探实验。这艘船在加利福尼亚州圣地亚哥的船厂进行了改装，首次测试是在拉霍亚进行的。在那里，他们在 3111 英尺深的海域中钻了 5 个孔，最大深度达到了 1035 英尺。不久之后，船被拖到墨西哥瓜达卢佩岛以东 40 英里的一个地点，进行了第一次在真正的海洋环境中的钻探。在 11672 英尺深的水域中，船只通过声呐和雷达确定紧绷的钢丝浮标的位置，并用 4 个舷外马达进行操控，保持在孔洞上方。

钻杆被放下，钻头在触碰到柔软的海底时开始钻探。当时没有重新进入孔洞的手段，也没有提供钻探液循环回流的设施。最终通过钻杆内的钢丝线取芯法，或多或少地连续取得了岩芯样本。这次钻探共钻了 5 个孔，每个孔都有特定的目标，最大深度达到 601 英尺。最上面的 557 英尺主要是中新世的软泥；再往下，钻头钻穿了 44 英尺的玄武岩。对玄武岩的采样首次明确证明了海洋"第二层"的组成成分。

他们做了 10 次类似于给地球做"X 线"的检测，这些检测可以告诉我们地下深处的岩石是什么情况。他们还测量了地下深处泥土的温度，这可以帮助我们了解地球内部是不是像我们想象的那么热。他们还用一种新方法记录了深海里的海水是怎么流动的，这对于了解海洋的运动方式很重要。他们用一个特别的钻头，通过一根钢丝线，从海底的玄武岩中取出了样本。这个钻头是用金刚石做的，非常坚硬，可以钻穿很硬的岩石。

钻探船于同年 4 月 12 日离开了钻探地点，之后被恢复到了之前的状态。人们得出结论，几乎任何可以在陆地上的孔洞中完成的钻探作业都可以在深海中完成，只要在钻探时不需要更换钻头就可以实现。

地 球 深 处

地壳的厚度与地球半径相比，差不多相当于苹果皮的厚度与苹果半径相比。莫霍洛维奇项目成功确定了地幔的成分，这就像是削了一点点苹果皮，发现里面其实是白色的，而不是红色的。这是一个相当大的成功，但仍然只是一个开始！然而，尽管我们不可能钻一个到达地心的洞，甚至不可能钻至地表深处，但我们可以通过研究地震波来获得关于地球内部的宝贵信息，正如我们所了解到的，莫霍洛维奇界面就是这样被发现的。在非常强烈的扰动下，这些扰动可以被记录在整个地球表面上，地震波会穿过整个地球。研究它们到达地球不同点的情况，使我们能够用心灵之眼几乎穿透到地球的中心。观测这种长距离地震最引人注目的事实是存在阴影区，即地球上的一个广阔地带，在这里，扰动几乎不被观测到（图4-9）。如果地震的震中在某处，那么强烈的扰动将对整个西半球及东半球的相应部分有所影响，即位于地震起源点正对面的点，也就是在印度、中南半岛和东印度群岛。然而，位于西伯利亚、阿拉伯、西非、印度洋、澳大利亚东南部和西太平洋地带的地震仪将毫无变化。此外，虽然在震中和阴影区外缘之间出现的地震波包含P波和S波成分，但只有P波出现在阴影区内的圆形区域内。

图4-9　由秘鲁震中扰动引起的地震阴影区

这些令人惊讶的事实只能通过假设我们的地球内部含有一个液态核心来解释，这个核心由一些非常重的物质组成，从地心延伸到约为地球半径的60%处。正如我们已经讨论过的，S波不能在液态物质中传播，所以这样的核心将完全阻止所有S波进入与地震发生地相对的另一半球。能够携带P波的液态核心会像透镜一样，将它们聚焦在直接与它们起源点相对的区域，并在其周围留下一个"黑暗"的环。因此，地震扰动分布的图像将看起来完全像图4–10所描述的那样。

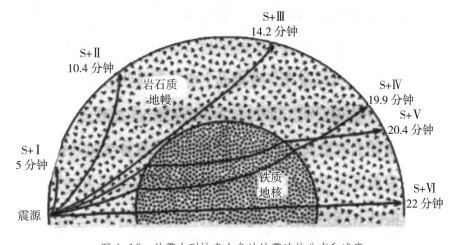

图 4-10　从震中到地表上各站地震波的分布和速度

在图4–11中，我们提供了最新的结果（由著名的地震学家本诺·古登堡收集），这些结果涉及在地球表面和地球中心之间的不同深度观测到的地震波的传播速度。我们首先注意到，P波和S波都传播到地球表面以下约1800英里的深度。S波能够达到这一深度，而它们不能在液态物质中传播，这一事实证明了地球内部在大约从表面到中心的一半深度处是固态的。

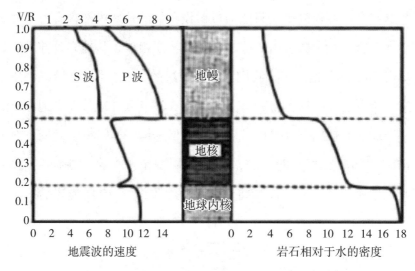

图 4-11　地球结构的力学性能

塑 性 地 幔

　　地震剪切波能够穿透到接近地球中心一半深度的事实，乍一看似乎与之前的说法相矛盾，即根据地球地壳温度随深度增加的速率，在仅约 30 英里的深度就会达到岩石的熔点温度。那么，岩石如何在更深的深度，即温度更高的地区，传递剪切波？要回答这个问题，我们必须记住，深处的岩石除受到极高的温度影响外，还受到极高的压力作用。根据我们对物体性质的了解，我们可以推测非常高的压力和非常高的温度的双重作用可能会使材料处于一种非常不寻常的物理状态，它具有固态和液态的结合属性。在相对较强的外力作用下，持续时间相对较短时，它会像弹性固体一样反应。但是，当受到持续时间非常长的较弱的外力作用时，它会表现得像液体一样。

　　这种性质被称为塑性，一些我们熟悉的材料也具有塑性，比如蜡烛。如果我们试图在蜡烛两端都有支撑的情况下使其弯曲，它会像玻璃一样断裂。但如果将蜡烛水平固定在墙上，仅有一端得到支撑，我们会发现几天或几周后（取决于室温），它会在重力的作用下弯曲下来。

显然，在高温和强烈压缩作用下的岩石具有这种可塑性。它们为地球大陆板块提供了支撑，就像"美容休息"床垫一样，随着时间的推移，它们会弯曲或膨胀，以适应它们所支撑的重量。在下一章中，我们将得知，实际上地幔岩石的这种缓冲活动在地球表面特征的发展中扮演了重要的角色。

地幔物质对因传播地震波而产生的快速变化的力反应太慢，并且在所有实际情况中，表现为一个完美的弹性固体。在第二章讨论海洋潮汐时，我们提到过也存在"岩石潮汐"，整个地球受到月球和太阳施加的引力，发生变形，周期为 12 小时。通过观测变形的幅度，著名的英国物理学家开尔文勋爵能够计算出地球的刚性就如同钢一样。因此，显然即使周期是 12 小时，时间依然很短，无法揭示构成地幔的岩石的塑性特性。但是，如果给予一段相当长的时间，它们会像蜂蜜一样流动，这将在下一章中进行讨论。

铁 质 地 核

在约 1800 英里的深处，构成我们地球的物质性质突然发生变化。超过这个界限，剪切波无法传播，这意味着此处的物质是流体，并且压力波速度的急剧下降表明这种流体的密度是水的 10 倍。人们普遍认为（尽管一些地球物理学家仍持否定态度），地核由铁、镍和铬的熔融混合物构成（图 4-12）。这一说法无法得到直接证明，但存在大量间接证据。地核的密度几乎等于在该深度高压下铁的预期密度。有天文学证据表明，宇宙中铁元素的含量相当丰富，但在地球的地壳中相对较少，这表明铁因其密度较大，可能大部分沉入了地心。地球表面的花岗岩几乎不含铁；其下方的玄武岩层含有相当多的铁；而地幔物质中的铁含量可能更高。因此，如果地球的核心本身就是铁，也不足为奇。约10%的陨石可能代表曾经在火星和木星轨道之间运行的一颗行星的碎片，主要由铁组成，并含有一些镍和铬。因此，很可能一个沉重的铁质地核占了地球总体积的1/8，并占地球总重量的1/4左右（图4-12）。

图4-12　地球的铁质地核

看图4-10里那些显示地震波速度随深度变化的曲线，我们会发现在地球3100英里深处有一个奇怪的地方，那就是外核与内核相接处。很多研究地球内部的学者都认为这个奇怪的地方是外核是液态的铁，而内核是固态的铁。但是，这个想法也不一定完全正确。

指南针谜团

地球熔融铁核心的存在对于解开数个世纪以来的地球磁场之谜具有重要意义。伟大的德国数学家卡尔·弗里德里希·高斯已经表明，观测到的地球表面磁场可以解释为由位于地心并略微倾斜于其旋转轴的单个大磁铁产生。然而，对地球表面磁场的更详细研究表明，虽然高斯在首次近似推测中是正确的，但是与单个磁场存在一些偏差，这些偏差被称为残余磁场，据推测是地球固体地壳中的磁化铁材料引起的。这些残余磁场的模式以这样的速度西向漂移，即它将在 1600 年内完全围绕地球移动一圈。如果主要的磁场是地球主体产生的，而残余磁场是由地壳中的磁性材料产生的，那么这个结果意味着固体地壳以每年约 17 英里的速度在地球主体上向东滑动。

研究"古地磁学"，即研究地球在过去不同的地质时期存在的磁场，为地壳相对于地球主体滑动提供了另一项证据。当然，在那个时候，连人类都没有，更别说地球物理学家了，恐龙和三叶虫对这类问题也不感兴趣。但是，通过研究在这些不同时代形成的岩石中保存的磁性，我们可以获得非常可靠的信息。

数百万年前，当含有各种铁化合物的热熔岩从地球表面流出时，它在当时的地球磁场方向上被磁化了。当它凝固时，其感应的磁性被"冻结"在与那时的磁极位置相对应的南北方向。当由坠落的陨石燃烧而产生的微小颗粒落入史前湖泊和浅海，与其他沉积层物质混合时，它们也被磁化并朝向那个时期的南北方向。因此，通过研究在不同地点、不同时间形成的岩石的剩余磁性，我们获得了大量微小的"指向手指"，指示着当时的南北方向。将所有这些指示综合起来，我们可以确定不同地质时期磁极的位置。图 4–13 显示的结果表明，在志留纪时期，北磁极位于日本附近某处，并在自那时起的3亿年中移动到了现在的位置。图4-13中显示的两条曲线是分别基于美国和欧洲进行观测的。这两条曲线之所以不重合，可能是因为观测得不精确，或者是因为这两个大陆在当时发生了相对移动。

1.现在的位置；2.三叠纪时期的位置；3.志留纪时期的位置。

图4-13 北磁极的移动
（实线表示的是美国磁石指示的磁场方向，虚线表示的是欧洲磁石指示的磁场方向）

当前科学界正在热烈讨论的一个话题是地球磁场与熔融铁核心之间的运动关系。看起来非常有可能的是，地球导电铁核心中的对流电流可以产生一个具有一定形状和强度的磁场，但这一图景的细节仍然远未清楚。

第五章
地表和地貌

平平无奇的岩石

对地球表面岩石的研究表明，地壳看起来非常像老房子的阁楼，里面堆满了一代又一代居民丢弃的破旧家具和各种废弃物。地质学家们正在分析这些堆积的杂物，他们的共同努力让我们对地球表面过去的发展历程有了较为统一的认识。简单来说，就是地质学家们通过研究地表的岩石，就像翻看一本关于地球历史的书，帮助我们更好地理解地球的过去。

地球地壳中不同矿物的相对含量，是由构成这些矿物的各种化学元素的相对含量来决定的。图 5-1 展示了地壳中最丰富的化学元素的百分比。其中最多的两种元素是氧（占 46.7%）和硅（占 27.7%）。因此，这两种元素结合形成一个非常重要的化合物并参与地壳岩石的构成，也就不足为奇了。1 个硅原子与 2 个氧原子结合，就形成了硅氧化物分子。这些分子按照一定的规律排列，构建出美丽的石英晶体（图 5-2）。化学家用符号 Si 表示硅原子，用符号 O 表示氧原子；因此石英的化学式是 SiO_2，下标"2"表示每个分子中有 2 个氧原子。

简单来说，就是地壳里最多的两种元素是氧和硅，它们结合在一起形成了一种很重要的物质——硅氧化物，也就是我们常说的石英或水晶（图 5-2）。

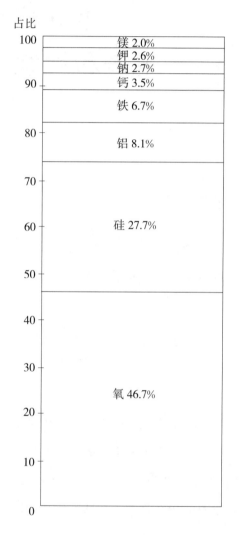

占比

图 5-1　地壳中相对丰富的化学元素

图 5-2　巨大的石英晶体
（美国国家标准局提供）

氧和硅这两种最丰富的元素，与第三丰富的元素铝（化学符号是Al）结合，形成了另一种非常重要的矿物——长石（图 5-3）。这 3 种

图 5-3　长石晶体
（科罗拉多大学的 R.M. 奥内亚提供）

最丰富的元素通常会吸引钙（Ca）、钠（Na）和钾（K）的原子，形成以下化合物：

$CaAl_2Si_2O_8$，矿物学家称之为钙长石；

$NaAlSi_3O_8$，被称为钠长石；

$KAlSi_3O_8$，被称为钾长石。

简单来说，就是氧、硅和铝这 3 种元素结合在一起，再加上钙、钠或钾，就形成了地壳中常见的一种矿物——长石。长石有几种类型，分别是钙长石、钠长石和钾长石。

特别重要的是，前文提到的元素也能与镁（Mg）和铁（Fe）结合形成化合物，其中最典型的是辉石。它的化学式有点复杂：$Ca(Mg, Fe, Al)(Si, Al)_2O_6$。因为铁原子的质量很大，所以这种矿物及其他含铁的化合物，比前文提到的其他矿物要重得多。

矿物学家很少能找到形状完美、体积大的"纯"矿物晶体。普通的"火成岩"，也就是从原本熔融的物质中固化形成的岩石（"火成岩"这个词来自希腊语，意思是"火"），实际上是各种"纯"矿物的微小晶体的混合物。因此，花岗岩，作为大陆的主要材料，大约包含 31% 的微小石英晶体、53% 的长石，以及其他少量的不太丰富的矿物，比如云母。主要在火山活动区域发现的较重的玄武岩几乎不含有石英，但含有 46% 的长石和 40% 的重辉石。图 5-4 展示了花岗岩抛光表面的显微照片。

图 5-4　显示出各种不同"纯"矿物小晶体的抛光花岗岩表面
（科罗拉多大学的 R.M. 奥内亚提供）

砂岩呈现完全不同的景象。当你用显微镜观察砂岩时，会发现它由高度压缩的沙粒组成，这些沙粒的外观与海滩上波浪冲刷出来的沙粒一模一样。这些沙粒大多数是微小的石英抛光晶体，很明显，砂岩主要由花岗岩的碎片构成，这些碎片在地球地壳过去的某个历史时期先被磨碎，然后被压缩成坚实的块状。

当我们用显微镜对石灰岩进行观察时，会看到完全不同的东西。石灰岩里没有发现破碎的石英晶体，而是发现了大量微小的贝壳和贝壳碎片，它们显然都是过去地质时期海洋生物的遗骸（图5-5）。一些石灰岩中还包含了珊瑚的碎片或者被称为"海百合"的生物的茎，这些都是原始的海洋动物，且与海星有关，它们在生命中的某些阶段会用长长的茎附着在岩石底部。毫无疑问，石灰岩沉积是过去原始海洋生物的墓地，每当我们用粉笔在黑板上写字，或者用石灰（通过加热石灰岩获得）来为花园施肥时，我们都应该感谢过去时代的微小海洋生物，是它们为我们提供了这种有用的材料。从化学成分上看，石灰岩由碳酸钙组成，碳酸钙是原始海洋动物从海水中提取出来的，用于构建保护性外壳或支撑结构。

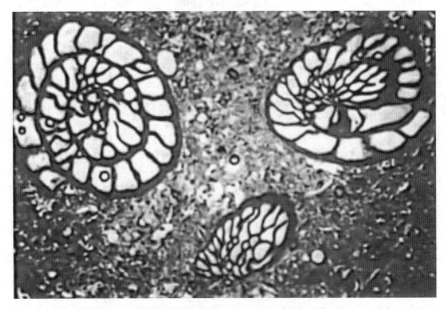

图5-5 具有古代贝壳遗骸的石灰岩表面的显微镜照片
（科罗拉多大学的R.M.奥内亚提供）

高贵的大理石与普通的石灰岩看起来大不相同，大理石要硬得多，而且使用任何显微镜观察都无法发现任何微壳或贝壳碎片的存在。但大理石通常和石灰岩一样白，并且两者具有完全相同的化学成分。实际上，地质研究表明，雕塑家使用的大理石不过是普通的石灰岩，其内部纹理已经完全改变了。如果用普通的粉笔粉末填满一个厚壁的铁容器，密封铁容器并将其置于非常高的温度下，粉笔粉末就会变成细腻的颗粒状大理石。天然大理石的形成过程是，当热熔岩流过地壳的裂缝涌出地表并覆盖在石灰岩层顶部时，由于上方熔岩的热量和重量作用，有机残余物中的碳酸钙完全再结晶成细小的对称颗粒，同时所有有机起源的痕迹都完全消失了。由高温和高压引起的早期岩石的再结晶而产生的岩石被称为变质岩。

侵蚀和沉降

地球表面发现的岩石的多样性生动地证明了形成我们星球今天面貌的过程是多么复杂。

地球上的面貌不断被两种主要的力量缓慢地改变。一种是构造活动，它的根源深在地球表面之下，导致地壳岩石的各种变形和破碎，再将它们堆积起来形成山脉（图 5-6a 和图 5-6b）。另一种是侵蚀作用，主要由水引起，部分由风引起，两者作用方向相反，后者冲刷山脉，平整大陆表面。如果地球没有大气和水，它的表面特征就会像月球一样，能完整地记录下它过去的地貌。实际情况是，构造和侵蚀过程之间的竞争以一种相当复杂的方式混合了现有的信息。旧的山脉被侵蚀过程完全冲刷，产生的碎屑在浅海底部和海岸边不断沉积（图 5-6c 和图 5-6d），在下一次构造活动的高潮中再次被抬升形成新的山脉（图 5-6e 和图 5-6f）。这个过程一次又一次地重复，使地貌变得越来越复杂。

图 5-6 地表在构造活动和侵蚀过程中发生的变化

来自大陆的碎屑沉积在海底形成的砂岩层与海洋生物遗骸堆积形成的石灰岩层交替出现，这些沉积物还夹杂着各个时代的动植物残骸。在下一次地壳运动中，这些古老的沉积层再次被抬升，并高于海平面，形成新的山脉，原本平坦的古老沉积层变形成为巨大的褶皱。这些褶皱再次被侵蚀并被带回海洋，或者在其他地区，火山爆发喷出的岩浆将它们覆盖（图 5-6）。

南达科他州的劣地就是侵蚀作用的一个典型例子（图 5-7）。在暴雨的冲刷下，没有植物覆盖的地面会被冲走，形成深深的沟壑。而那些没有被冲刷掉的土石，就会形成各种各样奇特的形状，看起来像是城堡的残垣断壁，这些地貌覆盖了很大的区域。图 5-8 还展示了其他侵蚀的例子。

图 5-7　因雨水的侵蚀作用而形成了神奇形状的南达科他州劣地
（竖直的柱子可以保持直立是因为其中的物质被挤压得更严重一些，在它们上方可以
看到更重的岩石）

图 5-8　黄石国家公园中受到水流的侵蚀作用而形成的火山高原
（美国地质调查组提供）

侵蚀过程的一个有趣结果是新墨西哥州图拉罗萨谷著名的白沙。图拉罗萨谷延伸超过 100 英里，两侧被相当陡峭的崖壁包围。它形成于数十万年前，当时一长条地面因为底层地壳层的某些运动而下沉。它实际上是一条长长的沟渠，或者说是地质学家所说的"地堑"。在山谷两侧的山坡上，高于谷底的地方，可以发现石膏（含水硫酸钙）层。山谷底部下方也有类似的石膏层。该地区的地质剖面图清晰地展示了山谷是如何形成的（图 5-9）。在雨季，水分渗透山坡，溶解了一定量的石膏，流入谷底，形成了一个被称为露西罗湖的临时水体。在夏季晴朗无云的时期，湖泊干涸，留下湖底的石膏。盛行风常常将石膏颗粒卷起并以云的形状吹上山谷，堆积成覆盖约 275 平方英里的大型雪白沙丘。这里的景色看起来像挪威的冬天，吸引了成千上万的游客前来游览。

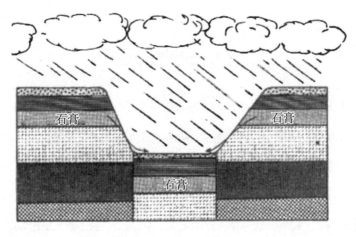

图 5-9　白沙的形成过程

当地下水流过那些容易被溶解的岩石层，如石灰岩，而这些石灰岩又被两层不易溶解的岩石层夹在中间时，就会慢慢形成地下通道和洞穴。新墨西哥州的卡尔斯巴德洞窟就是这样形成的，它里面有个巨大的"房间"，有 1200 多米长，墙壁之间有 180 多米的距离，天花板高达 90 多米。这是一个非常壮观的自然洞穴。

　　除了流动的地下水，洞穴天花板上的细小裂缝还会慢慢渗出含有石膏的水滴。这些水滴中的水分蒸发后，石膏就形成了像冰柱一样的钟乳石，挂在洞穴顶上。掉到地上的水滴则形成了石笋，它们从地面向上生长。这些天然形成的结构既美丽又奇特，是洞穴对游客最有吸引力的地方。

　　洞穴导游总是喜欢给这些钟乳石和石笋等形成物起一些富有想象力的名字，如"坐着的猴子"和"印第安人的头"，以激发游客的想象力。更令人兴奋的是，形成这些结构的物质是在数百万年前产生的，当时它们是海洋生物的保护壳，在接下来的数百万年间，它们作为内陆海底的压缩沉积物存在，由于地球内部原始力量的作用，它们被抬升到了海平面以上。

垂直方向的地壳运动

　　虽然大陆在地球表面漂移的原因仍然是一个未解之谜，但我们对地球表面垂直运动的信息却相当明确。正如我们已经提到的，地球内部的温度随着深度的增加而迅速升高，在我们脚下约 30 英里的地方，温度为 200 ～ 300 ℉。在这个温度下，普通的岩石都会熔化；火山爆发时喷出的炽热岩浆就来自那个深度。但是，与沿着火山斜坡流动的岩浆不同，深处的物质不仅受到高温的影响，还受到巨大的压力作用。在第四章中我们已经得知，在这些条件下，岩石实际上并没有变成流体，而是获得了塑性：在快速的作用力（如通过地球内部传播的地震波）下表现为固体材料，而在缓慢而持续的作用力下却像蜂蜜一样流动。

　　地壳漂浮在更深层内部形成的塑性层上，这与极地冰原在它们下面的水面上漂浮非常相似。这种现象引发了一种非常重要的地质现象，专业术语为地壳均衡补偿。当一座巨大的冰山在海洋表面漂浮时，只有相对较小的部分露出水面，大部分都浸没在水中。类似的现象也常见于漂浮在塑性物质上的地壳固体岩石。每座高耸于大陆平原之上的山脉，都有一个由地壳岩石形成的"反山"（或山根），这些岩石被推入下方的塑性物质中更深的地方。正如冰山浸没的部分比露出水面的部分要大一样，这些反山可能比它们在地球表面显露的山脉要大得多。

　　我们知道山脉不是永恒的，它们的物质会慢慢地被侵蚀并被河流带走。然而，这并不意味着被侵蚀的山脉必然会变低。实际上，随着地球表面堆积的岩石重量的减少，山脉的物质会慢慢地上浮，将剩余的岩石抬升得更高，从而保持山脉的原始高度。因此，要冲刷掉一座山脉所需的时间远比想象中要长得多。

　　相反，当地壳的横向压缩使地壳物质形成褶皱并堆积成新山脉的形式时，大部分形成褶皱的地壳岩石被推入下方的塑性物质中，形成了一个新的山根。

　　地壳的垂直运动在塑造地球表面和解释许多难以理解的特征方面起着重要作用。以亚利桑那州科罗拉多河的科罗拉多大峡谷为例，河流从这里流向海洋。假设我们能够用岩石填满现在约6000英尺深的大峡谷，直到其边缘，科罗拉多河会发生什么？显然，河水不会流向上坡，河流必须找到另一种流向海洋的方式，而大峡谷将不复存在。

　　因此，要理解大峡谷的起源，我们必须假设科罗拉多河切割的高原曾经要低得多。实际上，地质数据表明，数百万年前，亚利桑那州北部和犹他州南部的地区是一个海拔相当低的平原，上面流淌着一条宽广的河流。后来,由于地壳运动,整个地区开始逐渐升高,超过了海平面。随着这个过程的持续,河流在地表切割得越来越深,冲刷掉越来越多的物质并将其带入海洋。因此,周围的土地逐渐升高,而河床则保持了与数百万年前相同的海拔高度。

地球表面抬升的另一个更引人注目的效果是由穿越喜马拉雅山脉的大河所展示的。印度河发源于西藏北部,流经克什米尔地区,最终汇入阿拉伯海,它流经的狭窄深邃的峡谷,就像是被锯子切割过一样,穿过了挡在它面前的山脉。在吉尔吉特,河流本身仅比河口高出 3000 英尺,但河流两侧的山峰却高达 20000 英尺。唯一的解释是,这些山脉在遥远的过去要低得多,而在地面缓慢抬升的同时,河流侵蚀并带走了足够多的物质,形成了一条 17000 英尺深的峡谷。阿润河,是恒河的一个支流,在穿过珠穆朗玛峰(29140 英尺)一侧和干城章嘉峰(28146 英尺)另一侧的壮丽峡谷时,比河口高出 22000 英尺。地质证据表明,这两座山峰在遥远的过去形成了一条连续的山脊,而通道一定是由河流本身开辟的。如果山脉在现在的高度,河流就不可能开辟出这个通道,我们必须再次假设,随着周围岩石的缓慢上升,河流的河床逐渐加深。

隆起的山脉

长期以来地质学家一直认为,山脉的形成是由于地壳岩石的横向压缩,这使得它们变得破碎并相互堆积。那么,是什么导致了这种压缩?自然解释——也是直到几十年前唯一的解释——这种压缩是由地球逐渐冷却造成的。大多数材料在冷却时会收缩,地球的主体也不例外。但是,随着地球半熔融的内部收缩,固体的外层地壳就会像烤苹果的外皮一样发生褶皱。根据这种观点，山脉只不过是逐渐冷却的地球皮肤上的皱纹。

最近提出的一个与以往观点完全相反的假设挑战了旧的理论。众所周知，一个装满水的密闭瓶子在水冻结时会裂开。瓶子破裂是因为水在变成冰时体积膨胀；相反，当一块冰被加热到足以变成水时，其体积会减小。其他材料也可能具有与冰相似的特性，构成地球内部的岩石在熔化时可能会收缩，在固化时可能会膨胀。如果这种假设成立，那么情况就会完全颠倒过来。为了解释地壳的收缩，我们不得不假设地球内部正在逐渐加热，使得越来越多的固态岩石变成熔融状态，从而导致体积减小。

地球内部的加热主要源于自然放射性元素的衰变。这些放射性元素，如铀、钍和钾，缓慢衰变并释放热量。地球的地壳中含有这些放射性元素，尽管我们目前还不清楚地球内部具体含有多少这类元素。如果整个地球的放射性元素浓度与地壳相同，那么由这些元素衰变产生的热量将无法快速传递，导致地球逐渐加热；相反，如果地球深处几乎不含放射性元素，那么地球将逐渐冷却。这些热量的产生和分布对地球的地质活动，如板块运动、火山活动和地震等具有重要影响。地核的温度非常高，据当前实验可确定，地核的温度约为 6000 ℃，比以前估计的 5000 ℃还要高近 1000 ℃，其炙热程度可与太阳表面相当。地核的高温状态对地球的磁场和地热活动具有重要的影响。地核的高温部分弥补了地球原始热量的散失，而放射性元素的衰变，如铀 –238 和钍 –232，是地球内部数十亿年来的热源。这些衰变过程加热地核，使其温度保持在 6000 ℃左右，部分弥补了地球的原始热量散失。地球内部的热量还与地球形成时的原始热量、地壳板块运动过程中产生的摩擦热有关。这些热量的来源和分布对地球的地质活动和演化产生深远的影响。尽管地球内部的放射性元素衰变是其内部热源的主要贡献者，但是地球的热历史仍然充满了不确定性，且地核的持续降温可能会影响地球内部的热量保持和地质活动的活跃度。未来的研究将确定这些可能性中哪一个是正确的，并进一步揭示地球内部热动力学的奥秘。

如果地球的地壳因为某种原因正在收缩，我们可以探讨因收缩而形成山脉的具体情况。正如我们之前提到的，地球的地壳并不均匀，它由大型的花岗岩板块（大陆块体）组成，这些板块被推入到更薄但密度更大的玄武岩层中，后者也构成了洋盆的底部。当由两种不同材料制成的物体受到施加应力的作用时，我们预计它会沿着分隔其不同部分的边界断裂。这些薄弱的边界是大陆块体的边缘。因此，地壳运动在这些边界产生最明显的地表破碎效应也就不足为奇了。实际上，大多数造山带沿着大陆块体的边缘运行。其中，一条造山带沿着太平洋海岸线延伸，从波利尼西亚群岛穿过日本、堪察加、阿拉斯加及北美和南美的西海岸；另一条造山带包括阿尔卑斯山（及其在非洲的对应物阿特拉斯山脉）、喀尔巴阡山、高加索山、喜马拉雅山及印度尼西亚、新几内亚和其他岛屿的山脉。大多数地震、火山爆发和其他构造活动的表现提醒我们，我们生活在一个火药桶上，这些都发生在大陆花岗岩和大洋玄武岩之间的边界上。

造山带的地壳均衡条件受到沉积物的影响，这些沉积物沿着大陆边缘的海岸线被搬运和沉积。这种沉积物的重量会导致地壳的均衡状态发生变化，因为沉积物的堆积会增加地壳的负载，使得地壳在重力作用下发生下沉。这种下沉作用会导致地壳下的玄武岩层被推入洋盆更深的地方。在地壳发生压缩时，由于造山带是地壳最薄弱的区域，它会在压力作用下隆起，形成山脉。这些隆起的山脉是由过去的沉积

物经过折叠和抬升形成的。这些山脉在地壳均衡的过程中会保持相对
稳定的状态，直到外力如雨水侵蚀作用逐渐将它们磨平，并将侵蚀物
质重新搬运到海洋中，形成新的沉积层。这个过程展示了地壳均衡和
造山带地质活动之间复杂的相互作用，以及地壳运动和沉积物对地貌
变化的长期影响。

地球表面的历史就是这样：上升和下降，上升和下降，再次上升
再次下降。

山体的缩比模型

那些使地球地壳破碎的强大构造过程在数百万年间以极其缓慢的
速度发生。对这些过程的理论解释很复杂，因为尽管构成地球地壳的
各种材料的性质已经为人所熟知，但即使使用现代电子计算机来分析
地壳质量的运动也是极其困难的。如同一瓶墨水被扔到粉刷过的白墙
上，虽然形成的黑色斑点形状受到经典流体动力学定律的支配，但想
要提前计算出那个形状是什么样子是完全不可能的。

当需要解决这类复杂问题时，人们可以通过制作缩比模型来解
决。为了了解一艘即将建造的船只在首航时的表现，人们会建造它的
模型（只有几英尺长），并将其拖进一个长长的水渠，直接测量出其
所有性能的重要特性；航空工程师通过在风洞中测试飞机或导弹的小
模型也是遵循相同的程序。这些模型的流体动力学或空气动力学特性
可以"放大"到实际物体的特性上。

同样，可以通过缩比模型来研究地球地壳的运动，在这些模型
中，所选用材料的机械特性可以在几分钟或几小时内发生显著变化。
地球物理学家开始越来越依赖这种有用的方法，这使他们能够在一个

工作日内发现在数百万年中地球地壳会发生什么变化。

图 5-10 上半部分的两张图片展示了美国地球物理学家大卫·格里格斯制作的一个模型，这个模型是为了探索由地球下方塑性地幔中的圆形对流电流引起的地壳运动。模型由 2 个在甘油介质中旋转的木制圆柱体组成，这种甘油介质代表了地球地幔的塑性材料。在甘油的表面上浮动着一层较轻的物质层，这层物质由锯末和油构成。当圆柱体开始旋转时，较轻的表面物质被拖入并形成一个向下的隆起。当圆柱体停止旋转时（这对应于地幔中对流电流的消失），隆起部分根据地壳均衡原理上浮，形成地球上的高山。

图 5-10 下半部分的两张图片展示了俄罗斯地球物理学家 V. V. 贝洛索夫的研究，他正在研究地球表面质量分布不均可能导致的山脉形成。在这个实验中，交替的软黏土和松香层被两堆砂土的重量压迫。在相当短的时间内，原本平坦的表面发生了非常大的变形：中心出现了一个高耸的隆起，松香层以类似于山区常见岩石褶皱的方式被折叠。虽然这样的实验似乎像是"读茶叶"（或者用俄语说就是"咖啡渣"），但是它们可以给我们一个相当好的演示，即塑造地球表面的构造过程。

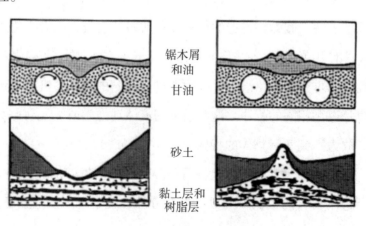

图 5-10　研究构造运动的模型

水下的山脉

1873 年，那艘优秀的英国船"挑战者"号开始了划时代的 3 年半的环球航行，其主要任务之一是研究海洋。当时，测量海洋深度的方法非常原始且烦琐：人们仅简单地将一个重铅锤系在一条长绳上，绳上标有相等间距的标记，这样一旦铅锤触底，就能知道海域的深度了。

人们原本预计，在由陆地带入海洋的碎屑形成的大陆架之外，海底应该是相对平坦的。然而，"挑战者"号上的科学家发现了完全不同的情况。结果表明，虽然在大西洋的欧洲和美洲两侧测得的深度约为 2000 英寻 ①（12000 英尺），但在海洋的中部，深度却不超过 1000 英寻。这一发现暂时支持了古老的传说，即几千年前存在一个叫作亚特兰蒂斯的大陆，后来沉入了水下。

如今我们有了一种更好、更快测量海洋深度的方法，这种方法是基于第二次世界大战期间为探测敌方潜艇而开发的"声呐"技术。当一艘船全速航行时，船上搭载的回声探测器发出的高频声波会从海底反射回来，灵敏的仪器会监测回声的延迟时间。这让我们能够快速且精确地测量船只航线沿线的海底轮廓。

使用这种方法，人们发现大西洋中脊的形状非常奇特，在其东部和西部两侧，它从海底隆起 5000 或 6000 英尺，并且中间有一条深深的沟槽沿着它的"脊梁"延伸（图 5-11 上图）。这个中脊贯穿南大西洋和北大西洋，大约位于旧世界和新世界的中间，并且延伸到北冰洋，靠近北极，最终到达东西伯利亚。图 5-11 下图显示了在北冰洋中脊和沟槽的剖面，这是由美国海军核潜艇"鹦鹉螺"号在其著名的北极冰层下航行期间测得的。

---

① 1 英寻约等于 1.829 米。

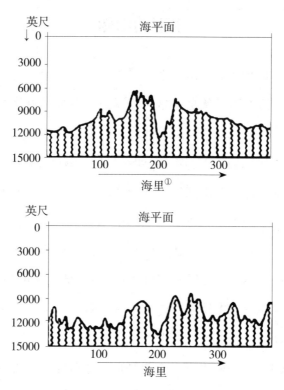

图 5-11 大西洋中部山脊（上）和北极山脊（下）的水底轮廓

近年来，世界各国的海洋考察船对海底进行了广泛的研究，揭示了大西洋中脊只是全球海洋中更大、更复杂系统的一部分。这个系统贯穿全球所有海洋，覆盖的淹没面积相当于所有大陆面积的总和。有趣的是，这些海底特征与陆地上人们熟悉的特征存在关联。例如，沿北美洲和南美洲西海岸延伸的脊槽似乎与加利福尼亚湾北部和麦哲伦海峡南部存在关联。大西洋中脊穿过冰岛，可能与岛上一条南北向的巨大裂缝（或称裂谷）存在关联。同样，印度洋的脊槽延续至亚丁湾和红海，其在内陆的延续可能与东非的维多利亚湖、坦噶尼喀湖和尼亚萨湖存在关联。

海底山脉的结构似乎与我们熟悉的陆地山脉有很大的不同，如落

———————
① 1 海里约等于 1.852 千米。

基山脉或阿尔卑斯山脉。在这种情况下，地面的隆起显然是由侧向压缩引起的，这使得原本水平的岩石层变成了巨大的褶皱。而海底山脉似乎更可能是水平应力造成的裂谷作用的结果，裂谷的两侧都因下方塑性物质的压力而向上抬升。裂谷的假设可以解释海底山脉在延伸方向上深沟槽的存在，这是在大陆山脉上从未观察到的特征。支持裂谷假说的一个重要事实是，大多数海底地震的震中都位于海底山脉的沟槽沿线，这可能是熔岩通过海底的裂缝侵入海水（或者是海水通过裂缝进入下方的熔岩）造成的。许多地球物理学家将海底的伸展和大陆的挤压归因于地球半熔融（塑性）地幔中的对流电流，但到目前为止还没有支持这一假说的明确证据。

最近，斯克里普斯海洋研究所的研究揭开了一个关于海底行为的谜题，涉及海底岩石的水平位移。研究发现，靠近美洲西海岸的大洋板块似乎正在相对于彼此向东—西方向移动（图5-12）。这些位移的原因目前尚不清楚。

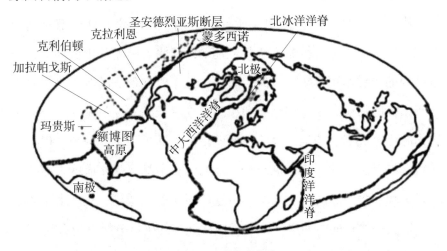

图 5-12　水下山脉

总结来说，过去几十年对海底的探索提供了与早期探索地球干燥表面时相同的机会。研究水下山脉与研究陆地山脉相比，其优势在于，前者可能保存得更好。正如我们已经看到的，大陆表面上的山脉因周期性的温度变化、风和雨的不断侵蚀而形成。在海底，温度几乎保持恒定，当然没有风，虽然有很多水，但从来不下雨。海水在底部的缓慢循环几乎不可能侵蚀高耸的岩石山脊。因此，预计水下景观会像月球表面一样持久，对其进行详细研究可能会给我们提供关于地球过去历史的宝贵信息。

"沉积物之书"

在数十亿年的时间里，由于造山力量和雨水破坏的共同作用，大陆的表面特征经历了持续的转变。这种周期性的山脉形成及其随后被水侵蚀的过程，通过研究过去河流带入海洋的侵蚀物质的沉积物特征能够清楚地显示出来。实际上，这类沉积物的性质在很大程度上取决于正在被侵蚀的地表特征。

在变革时期，如我们现在所处的时期，大陆表面到处都有高山崛起，侵蚀作用进行得非常快。急速的河流沿着陡峭的山坡冲下，通过纯粹的机械作用折断较大的岩石块，这个时期形成的沉积物主要由相当粗糙的物质组成，如砾石和粗砂。在漫长的非变革时期，当大多数山脉已经被完全冲走，大陆表面变得平坦而单一时，侵蚀过程必然放缓。没有湍急的河流，也没有喧闹的瀑布，继续落在地球表面的雨水自宽阔、缓慢的河流汇入海洋，这些河流流经低洼、几乎水平的平原。在这些漫长的时期里，化学侵蚀比纯粹的机械分解更为有效。

水慢慢地流过地球表面，将岩石中各种可溶物带入水中，留下细沙和黏土作为残余物。溶解的物质主要是碳酸钙，它被带到海洋中，并沉积成厚厚的石灰岩层。

因此，如果我们能够考察地球上的一些地方，那里的沉积物沉积过程自地球地质历史以来一直在不间断地进行，这些沉积物的纵剖面看起来会非常地有规律。我们会发现细粒和粗粒物质发生着周期性重复，对应于变革时期和非变革时期，根据这些就能够逐章重建地球的整个历史。这样的"沉积物之书"的完整版本无疑存在于沿大陆海岸线的海底，因为这些区域不断被淹没，一直在接收来自附近陆地的侵蚀物质的不间断流动。像莫霍计划（见第四章）这样的深海钻探有望提供关于地球过去历史的非常有价值的信息，但我们目前的知识完全来自对在大陆架浅海中形成的沉积物的研究，这些沉积物后来由于地面的抬升和上层沉积物的侵蚀而被带到地球表面。

由于大陆表面在整个地球历史上一直不规律地上升和下降，内陆海的位置也一直在变化，因此在任何一个地方留存的沉积物中的信息必然是不完整的。图 5-13 给出了一个假设的画面，展示了我们可以在一个经历了 3 次淹没但现在是陆地的地方预期发生的情况。假设在第一次淹没期间，河流携带的沉积物形成了 6 个连续的沉积层，我们通过数字 1 到 6 来区分这些沉积层。假设在这些沉积层形成之后，代表了地球历史相应时期的连续记录，地壳运动使得这个特定地区上升到了海平面以上，以至于新形成的沉积层暴露在雨水的侵蚀作用下。在抬升期间，部分沉积层被侵蚀带走，这些物质与其他地区的物质混合后被沉积在其他地方。当新的沉积层（假设是 7、8、9 和 10）在海底形成，沉积物在不断积累时，我们选取的这个地方只是失去了部分物质，3 个上层（6、5 和 4）被完全移除。因此，当新的淹没发生时，第 11 层直接沉积在原有的第 3 层之上。

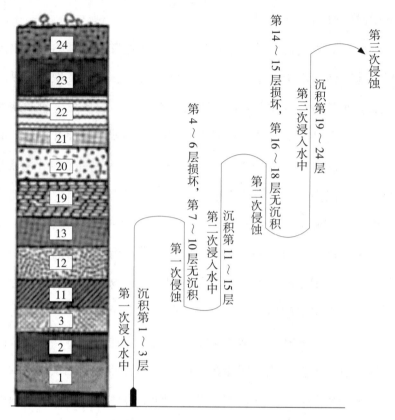

图 5-13　周期性的地面抬升破坏地质记录连续性的示意图

我们发现在这个假设的地方，唯一留下的沉积层，呈现在地质学家的锤子下的是编号为 1、2、3、11、12、13、19、20、21、22、23、24 的层，而所有其他的层要么从未形成，要么被雨水侵蚀了。

虽然在任何特定地点沉积的层只代表了"沉积物之书"中不连贯的偶然页面的集合，但我们可以通过比较在不同时间被淹没的多个地方的发现来尝试重建这本书的完整副本。当然，这项任务非常困难，这个领域的工作代表了历史地质学的主要课题。从不连贯的片段中重建完整的"地质柱"，主要使用的方法是基于图 5-14 中解释的"重叠原则"。可能的情况是，在比较两个对应不同地点不间断沉积过程的独立片段时，我们注意到一个片段的上层与另一个片段的下层性质相同。如果情况是这样，那么不可避免的结论是第一个片段的顶层与第二个片段的底层是同时形成的；将两个片段放在一起，使得对应同一时间的层重叠，我们就得到了一个覆盖更长时间间隔的连续记录。

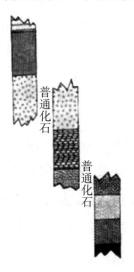

图 5-14 "沉积物之书"的不连续片段

　　然而，必须记住，由于各种沉积物的纯物理和化学特征之间的差异不是很大，而且同类型的沉积物会周期性地重复，如果沉积层不包含相应时期生活的各种动植物的化石遗迹，那么描述的重叠方法将不会得出可靠的结论。实际上，历史地质学的发展与古生物学（即古代生命科学）的发展是密不可分的。随着代表陆地和海洋历史的完整"地质柱"的重建，我们也得到了生命进化的完整记录。

　　当然，随着我们回溯到越来越遥远的时代，收集地球历史的零散页面并在各地将它们装订成一本连贯的卷册的工作会变得越来越困难。因此，尽管"沉积物之书"的后期部分现在已经相当完整，但早期的记录仍然处于非常不完善的状态。对这些早期"页面"进行分类尤其困难，因为在当时它们被"书写"的时候，地球上要么根本不存在生命，要么生命只是最简单的有机体，这些有机体没有在那个时代的沉积物中留下任何痕迹。

完整的"沉积物之书"仍然存在一个根本性的缺陷：它完全没有时间顺序，尽管我们可以说一个层是在另一个层之前或之后形成的，但我们对它们之间相隔的时间一无所知。为了获得地质事件的"时间"，总是需要对不同类型材料的沉积速率进行非常复杂但又不准确的推测，因此非常幸运的是，放射性的发现给了我们一个更简单、更精确的方法来建立地质时间尺度。

在第一章中，我们详细描述了如何通过研究不同火成岩中铀和钍的衰变产物的相对含量，较好地了解火成岩的固化时间。将这种方法应用于过去由火山爆发形成的岩石，以及时不时在不同的沉积层中发现的岩石，我们可以通过在"每一页"上标记它被"书写"的大致日期，来为"沉积物之书"增添最后一笔。

"沉积物之书"中的章节和段落

"沉积物之书"是由一代又一代地质学家的工作重构而成的，它无疑是一份极其庞大的历史文献，与之并列的人类历史的厚重卷册不过是微不足道的小册子。由雨水侵蚀大陆表面形成的沉积层，平均厚度超过 1 英里。然而，由于这些风化产物大多沉积在海岸线附近的相对较小的区域，因此"地质柱"的实际厚度要大得多。将这个"柱子"的所有碎片拼凑起来，我们得到的总厚度约为 60 英里，每年对应的沉积层约有 0.04 英寸厚。如果我们将 1 年的沉积物视为"沉积物之书"中的"一页"，那么这一页的厚度将与任何普通书籍中的一页相当。重构的"书"约有 20 亿页，页数与地球历史的年份是一样的。然而，这种厚度只对应于地球表面演化的较晚部分，还有数十亿页更早的碎片大多仍然隐藏在地表之下。继续我们的比喻，我们必须记住，一本"地球之书"的一页并不能记录太多历史，要观察到任何发展的变化，必须翻阅至少几十万页。人类历史的书籍也是如此；虽然生活在这些时代的人们可能对年复一年的变化特别感兴趣，但人类进化中任何有趣的变化都需要更长的时间才能显现出来。

"沉积物之书"的第一个重要特点是，就像其他任何书籍一样，它被划分为若干独立的章节，这些章节对应于之前讨论过的造山运动的革命性时代和中间的长期淹没期。很难说这本书有多少章节，因为它最早的部分仍然非常零碎和不完整；只有最后 3 章，涵盖了过去的 6 亿年，讲述了一个较为完整且统一的故事。这 3 章约为我们星球总寿命的 1/8，特别有趣，因为正如我们所指出的，它们几乎涵盖了生命在地球上留下化石记录的整个时期。这 3 章所描述的 3 个时期被称为地球历史的早古生代、晚古生代和中生代。在这本书的末尾，我们发现了新生代的新篇章刚刚开始。在地质学语言中，"刚刚"意味着"约 7000 万年前"，这是完全合理的，因为与每个章节的平均长度相比，这段时间确实很短，每个章节的长度在 1 亿～ 2 亿年。除了将地球历史自然划分为若干章节，每个章节都以造山运动的革命性时代为开始，地质学家还将单独的章节划分为若干较小的段落。因此，古生代章节的早期部分被划分为寒武纪、奥陶纪和志留纪，而中生代章节的子章节被称为三叠纪、侏罗纪和白垩纪。这样的细分并不完全是随意的，而是基于"地质柱"的不同部分的研究最初在不同地区的事实。例如，寒武纪岩石层最初在威尔士发现和研究，因此这个时期以"寒武"命名，这是古代威尔士的拉丁名；"侏罗纪"这个名称同样指的是最初在法国和瑞士之间的侏罗山发现的沉积物。由于没有合理的理由进一步细分地质时间，因此这种术语可能仅为了方便而保留。

在接下来的部分，我们将简要介绍地球历史上这些不同时期的主要事件。

早期不完整的篇章

"沉积物之书"最初的几页当然要追溯到第一滴雨水从天空落到地球冷却的表面，以及第一条裂缝开始对原始花岗岩地壳进行破坏工作的那一天。对应这个早期时代的大部分沉积物都深藏在地球内部，只有极少数地方的沉积物会露出地表。

约 20 亿年前，这个早期广泛的沉积时期显然被一场革命性的地壳褶皱活动所取代，这场褶皱活动被称为劳伦古造山运动。在这一时期，大量的熔融花岗岩倾泻在这些沉积层上，而这些沉积层本身则被抬升并折叠成巨大的山脉。当然，我们不必在现今的地理地图上寻找这些山脉，因为它们在数亿年前就在雨水的侵蚀作用下被完全抹去了。由于那些遥远过去的沉积物现在只能在地球表面的少数几个地方找到（例如在加拿大东部），因此完全不可能从它们残留的根基中对这些早期山脉地理分布的形成产生任何概念。

在记录的第一批山脉被侵蚀之后，大陆的大片区域再次被水覆盖，新的沉积层在之前的沉积层之上形成了厚厚的堆积。接着，另一场变革（阿尔戈马造山运动）随之而来，伴随着新的造山过程和新的花岗岩熔岩的侵入，随后又是一段漫长的沉积静默期；然后再次发生变革，接着又是沉降时期……

但读者可能已经对"变革"和"沉降"这两个词的不断重复感到厌烦了；为了提振他的精神，我们可以告诉他，每一次之后，画面将增添一些色彩。事实上，从第五次记录的变革，即查恩尼亚运动开始，我们离开了地球生命的黑暗史前时期，进入了可以与人类历史上的古埃及时代相媲美的时期。地球上的许多地方都对查恩尼亚革命之后形成的沉积层进行了研究；它们为我们提供了一个相当完整的地球表面演化的图景。此外，它们开始包含不同原始动物的化石，并且数量在稳步增加，这在确定地球历史书籍中的"页码顺序"方面非常有帮助。查恩尼亚革命之后形成的沉积物代表了"沉积物之书"中的3个完整章节，而在它们之上，我们发现了构成最新章节开头的相对较薄的层，而我们有幸参与了这一章节的撰写。

"沉积物之书"的完整三章

查恩尼亚革命开启了地球存在的历史时期，所有的大陆都被抬升到海平面以上，它们可能比今天要大得多。例如，在北美，这种普遍的抬升导致大西洋和太平洋海岸线的后退，使得陆地延伸到如今被海洋覆盖的数百英里区域。现在墨西哥湾和加勒比海的盆地也曾是陆地；而美洲大陆，现在仅由一条狭窄的地峡相连，形成了一个连续的大陆。与现在相比，在大西洋的另一边，大陆也向西延伸得更远；特别是一条被称为"阿特兰蒂达"的长串陆地从英国群岛向格陵兰延伸。

在查恩尼亚革命之后，大陆被抬升，随后又开始缓慢下沉，雨水不断侵蚀山脉和高原的岩石物质。海水逐渐向内陆推进，覆盖了大陆的低洼地区，形成了众多的内陆海。在欧亚大陆上，海水深入内陆，形成了一个广阔的内陆盆地，覆盖了现在的德国、俄罗斯南部、西伯利亚南部和中国大部分地区。这个大型内陆海被一圈高地环绕，穿过现在苏格兰、斯堪的纳维亚、西伯利亚北部、喜马拉雅山、高加索山脉、巴尔干半岛和阿尔卑斯山的位置。然而，非洲大陆在那段时间似乎完全露出水面，并通过连接现在地中海盆地的陆地与欧洲相连。澳大利亚北部被印度洋的水域淹没，而南部则向南极方向延伸得更远。在大西洋的这一边，赤道地区海洋的扩张几乎将美洲大陆一分为二（北美洲和南美洲），现在的墨西哥和美国得克萨斯的大部分区域也被洪水淹没。北太平洋的水域覆盖了北美洲中部的大部分地区，包括整个密西西比河流域、五大湖地区和加拿大南部的一部分。在赤道以南，大西洋的推进形成了一个广阔的浅海，覆盖了现在巴西的大部分地区。

尽管这种广泛的海侵是地球历史上早古生代时期最显著的特征，并且持续了约 1.6 亿年，但人们不应认为这个时期地壳完全没有运动。实际上，存在一些小型造山活动的痕迹，以及在大陆地区发生的缓慢抬升和下沉，不断改变着内陆海的海岸线形状。但所有这些变化都是小规模的。地壳中的压力正在慢慢积聚力量，为最终在公元前 2.8 亿年发生的大规模爆发做准备。

在"沉积物之书"中开启的下一个篇章，也就是晚古生代篇章中，地球地壳的重大变动被称为加里东造山运动，这个名字来源于苏格兰和北爱尔兰的同名山脉，那里的造山运动影响尤为显著。这场造山运动的结果，是沿着苏格兰、北海、斯堪的纳维亚半岛一直延伸到斯匹次卑尔根岛的一线，隆起了一道大型山脉。

这条山脉的延伸部分穿越了北西伯利亚，形成了亚洲大陆北部的高地边界。另一条山脉从苏格兰延伸，穿过北大西洋一直到达格陵兰，将北冰洋与北大西洋的水域完全分隔开来。北美洲造山运动的开始时间比欧亚大陆稍晚，高耸的山脉沿着一条从加拿大东部穿过新斯科舍省并继续沿大西洋海岸向南延伸的线路隆起。南美洲、非洲南部和澳大利亚也有明显的地质活动，这些活动构成了加里东造山运动的主要成就，可以在地图（图 5-15）上看到。这次造山运动不仅塑造了地球的地貌，还对后来的地质时期产生了深远的影响。

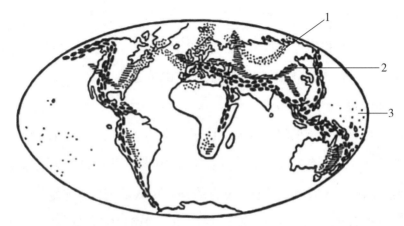

1. 苏格兰造山运动的山脉（大约公元前 3.2 亿年），用小黑点表示；
2. 阿巴拉契亚造山运动山脉（大约公元前 2 亿年），用细线表示；
3. 拉勒米造山运动（公元前 7000 万到公元前 3500 万年之间），用大黑点表示。

图 5-15　近 3 亿年 3 次巨大的造山运动

　　尽管发生了如此大规模的褶皱活动，但加里东造山运动显然远不如前一次那么剧烈，总体的土地隆起也不如之前那么显著。实际上，虽然在查恩尼亚造山运动期间，水域从大陆表面全部退却，但加里东隆起几乎没有影响到北美洲中部海域，以及中欧和东欧的大型水域盆地。另一个表明加里东造山运动相对较温和的迹象是，它显然并没有完全释放地壳中的压力，因为在随后的整个晚古生代时期中，我们可以发现地壳有相当明显的活动。在将加里东造山运动与随后的阿巴拉契亚造山运动分隔开的 1.3 亿年中，有无数小规模的陆地抬升和沉降，以及各种小型山脉的形成。

　　这场开启了中生代篇章的变革，是之前沉降期一直在小规模持续的地壳运动的高潮，它在全球范围内抬升了许多高耸的山脉。

　　在北美洲，地壳的褶皱形成了一个以得克萨斯为顶点的 V 形山脉系统。这个系统的一个分支沿着墨西哥湾海岸延伸，穿过阿巴拉契亚山脉的当前位置；而另一个分支向西北方向延伸，形成了原始的落基山脉，并一直延伸到普吉特海湾。在欧洲，地壳的压缩形成了一个从爱尔兰（或更远的大西洋）开始的山脉链，穿过法国中部和德国南部，可能与现在喜马拉雅山北部的亚洲山脉链相接。

如同过去所有的山脉一样，这些曾经宏伟的山脉早已被雨水侵蚀，如今一些区域的轻微隆起是由于后来的地壳隆起。现在的阿巴拉契亚山脉（这个名字本身就是由这场造山运动得来的）、沃热山脉和苏台德山脉，不过是公元前2亿年那辉煌时代的苍白遗迹罢了。

中生代的沉降期一直持续到最近的一次造山运动，这场运动发生在7000万年前，它在许多方面与之前的沉降期相似。无数的低地、沼泽和浅海为当时主宰动物世界的巨型蜥蜴提供了广阔的活动场所。

但是地壳中的压力正在积聚新的力量，地球正在为新的造山运动做准备，这场运动使地表变成了现在的模样。

最新一章的开始

正如我们所说，最新的造山纪元，被称为拉勒米运动，约始于7000万年前，根据所有迹象，至今它仍在进行中。我们生活在一个革命性的时期，我们不应期待每天都能看到新山脉像蘑菇一样从地球上升起！正如我们所看到的，地壳中的所有过程都极其缓慢，人类历史上记录的所有地震和火山活动完全有可能是下一次大灾难的预兆，这将导致在某个意想不到的地方形成新的山脉链。我们不得不假设拉勒米运动远未结束的证据是基于这样一个事实：到目前为止，这场最新运动所完成的一切（即落基山脉、阿尔卑斯山脉、安第斯山脉、喜马拉雅山脉等）仍然远远没有达到以往任何一次造山运动的成就。尽管"我们的"运动可能并不像过去的运动那样震撼世界，但更合理的假设是，它还没有达到顶峰。

地球上现存的几乎所有山脉都是由这场最后的造山运动形成的，如果我们的结论——这场造山运动尚未完成——是正确的，那么在"不久的将来"（当然，是从地质学意义上说的）必定会形成更多的山脉链。

过去的 7000 万年，标志着新生代篇章的开始，新生代被随意划分为 6 个连续的段落，分别被称为古新世、始新世、渐新世、中新世、上新世和更新世。这些时期中的最新一个阶段，始于我们将在下一章讨论的大冰期，并且它一直持续到现在。

拉勒米造山运动的第一个伟大成就是亚洲南部地区的巨大地壳褶皱，这使得全新的喜马拉雅山脉高耸于周围的平原之上。这种褶皱伴随着可怕的火山活动，前所未有的大量玄武岩熔岩被覆盖在周围的地区。例如，包括印度半岛大部分地区的德干高原，就坐落在 1 万英尺厚的玄武岩之上，这些在这一动荡时期冷却下来的熔岩覆盖在地球表面。

大约在同一时间，日本也发生了另一次巨大的地下物质喷发。

在大西洋的这一侧，拉勒米造山运动早期（在古新世时期）地壳的压缩形成了一条几乎从北极延伸到南极的巨大山脉链，是现在被称为北美的落基山脉和赤道以南的安第斯山脉。美洲主要山脉系统的褶皱也伴随着火山活动，仅次于我们提到的印度实例；在某些地方，火山喷发的熔岩层有几千米厚，形成了华盛顿州和俄勒冈州广阔的哥伦比亚高原。

变革"最初几天"的这些重大事件显然在一定程度上缓解了地壳的压力，始新世和渐新世时期以相对平静和之前抬高的土地的降低为特征。但在接下来的中新世时期，在第一次爆发后的约 2000 万年，变革活动再次恢复。陆地再次被显著抬高，将之前在平静期间悄悄逼近的海水推回，新的山脉褶皱，包括欧洲的阿尔卑斯山脉和北美洲的喀斯喀特山脉，在我们的星球表面形成。这场变革的第二次爆发在随后的上新世时期以较小的规模持续发生着，至今仍在不断发生。

穿越地球历史

通过在亚利桑那州北部和犹他州南部的国家公园和纪念碑之间的相对较短的上坡和下坡的路线，可以获得地球过去的生动印象（图5-16）。在地质历史的进程中，北美大陆的这个区域经历了一系列交替的隆起和下沉，科罗拉多河及其当地的支流在其中切割出了深邃的峡谷。

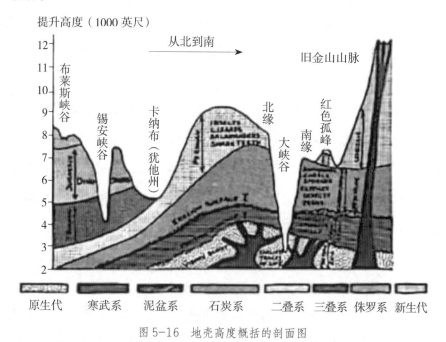

图 5-16　地壳高度概括的剖面图

到达大峡谷南缘，海拔约 7000 英尺的地方，驾车者会被一道深

达 4500 英尺、宽 10 英里的壮观沟壑所阻挡。要继续向北行进，人们
必须从舒适的汽车座椅换到摇晃的驴背上，沿着狭窄的小径小心翼
翼地前往峡谷底部。在底部，人们会遇到科罗拉多河湍急的黄褐色河
水，这条河负责在缓慢上升的亚利桑那 – 犹他高原上挖掘这道沟壑。
湍急河流的速度为每小时 3 ～ 10 英里。在某些地方，它的宽度超过
300 英尺，深度为 12 ～ 45 英尺。据估计，科罗拉多河在这部分河道
中每天携带近 100 万吨的沙子和淤泥。固体物质的颗粒在河床上起着
砂纸的作用，慢慢地深入挖掘至河床下面的坚硬岩石中。

站在横跨科罗拉多河的吊桥上，四周是几乎垂直的崖壁，高度约
1500 英尺。这些崖壁由被称为毗湿奴片岩的古老沉积岩构成，被厚
厚的花岗岩脉穿透，因此峡谷的这一部分被称为花岗岩峡谷。在 7 亿
多年前约元古代早期，这块大陆的部分被淹没在海平面以下，形成了
厚厚的砂岩和石灰岩沉积层。这些沉积层显示了我们地球上最早的生
命迹象。后来，地壳的横向压缩将这些沉积层折叠成巨大的山脉，下
面的熔融花岗岩从破碎的沉积岩的裂缝中被挤出。再后来，侵蚀抹
去了山脉，将该地区变成了一个平坦的火山高原，最终沉降到海平
面以下。

在第一次侵蚀表面之上沉积的约 1000 英尺的沉积岩属于寒武纪
时期。它们包含了无数的海藻化石、微型贝壳、早期类似蜗牛的动物
和类似鲎的三叶虫，这些三叶虫因其体形庞大（长达 3 英寸）而成为
那个时代无可争议的统治者。

在大峡谷的记录中，通常在其他地区可以找到的奥陶纪和志留纪
时期的地层，在科罗拉多大峡谷是完全缺失的，而在泥盆纪时期的沉
积物痕迹也只有少量存在。显然，在这三大地质时期，覆盖了约 1.5
亿年的时间，亚利桑那 – 犹他地区要么被抬升到海平面以上，以至于

无法形成沉积物；或者，即使在那个时期形成了一些海洋沉积物，也在随后的数百万年中，当这个地区被再次抬升时，被冲刷掉了。因此，在记录中的第二次中断之后，我们直接进入了石炭纪时期，在这一时期形成了超过 2000 英尺的沉积物。务实的勘探者称这些地层为蓝色石灰岩，而具有科学思维的地质学家则更喜欢称之为红墙石灰岩。那么，它是蓝色还是红色？说实话，在这种情况下，勘探者比地质学家更正确。形成大峡谷红墙的岩石实际上是灰蓝色的石灰岩，但它们裸露在外的表面被雨水从上层带来的铁氧化物染成了鲜红色。无论如何，参观大峡谷的游客都会看到红墙横跨其雄伟的胸膛，就像维也纳歌剧中将军胸前的红丝带。这条石炭纪的红丝带富含那个时期的生命记录：它包含了众多蕨类植物、珊瑚和海绵的化石，以及原始两栖动物和爬行动物的足迹。

长话短说，我们提到覆盖大峡谷北缘的二叠纪沉积物，这些沉积物包含了那个时期动植物群的丰富信息。植物生命主要由蕨类植物和小的锥形灌木或树木组成，超过 30 种，其中有许多在世界其他地方尚未发现。动物生命的证据包括古代蠕虫的踪迹、昆虫翅膀（长达 4 英寸）及早期类似蜥蜴或蝾螈的生物的足迹，这些足迹大多是五趾的，长度有几英寸。偶尔发现的鲨鱼牙齿表明，这个地区曾经被完全淹没在海平面以下。从大峡谷向北行驶（无论是骑驴穿越还是绕道 200 多英里），经过宜人的小镇卡纳布后，驾车者将抵达锡安峡谷。虽然大多数游客是从上方（在它的两个边缘之一）俯瞰大峡谷的，但在锡安峡谷则是从下方观赏的。站在流经其中的细小而宁静的处女河岸边，人们很难相信这条河流挖掘出了如此深而宽的沟壑。形成锡安峡谷崖壁的岩石比大峡谷的岩石要年轻得多，属于中生代的三叠纪和侏罗纪时期。地质学家发现了大量的证据，表明类似鳄鱼的爬行动物、巨大的两栖动物和恐龙一定在约 1 亿年前生活在这个地区，当时这里可能是某个内陆湖或河流的海岸线，属于亚热带气候。从锡安小屋短途驾车，游客可以到达更年轻的布莱斯峡谷地区，这里是由新生代的沉积物形成的。在这里，我们再次从上方俯瞰，看到了一幅类似南达科他州劣地但比它更丰富多彩的侵蚀景象。

为了完整地描述大峡谷地区的地质构造，必须提到由白垩纪沉积物形成的红丘，这些沉积物被厚重的新生代盖层保护，免受侵蚀。还有圣弗朗西斯科山脉，这些山脉是在新生代时期由火山爆发形成的。

在充分了解了地球过去的奥秘之后，旅行者现在可以前往内华达州的拉斯维加斯，去享受一些不那么费脑的娱乐活动。

北美影像史

在前面的部分，我们已经简要概述了大陆历史的摘要，这些历史可以从"沉积物之书"中读到。自然而然地，我们不得不将自己的认知限制在革命时期的一般特征，以及允许将"书"划分为明确章节的缓慢衰减和沉降的间歇期。我们已经提到，更小规模的变化一直在进行，导致地球表面发生永久性改变。为了连续表示所有这些变化，我们至少每 100 年就得绘制一张单独的地图，然后通过电影放映机播放。除了现有的地质知识远不足以使这样的尝试成为可能，一个每帧代表一个世纪地球历史的电影需持续不断地播放，夜以继日地连续播放超过两周才能放映完（以标准的电影速度每秒 16 帧计算）。

因此，我们将这个项目缩减到一个更适度的规模，提供了 32 张单独的地图（图 5-17 至图 5-24），代表了北美大陆在 5 亿年间的状态。这些地图改编自查尔斯·舒赫特的古地理图，发表在查尔斯·舒赫特和卡尔·O. 邓巴合著的《历史地质学》一书中。

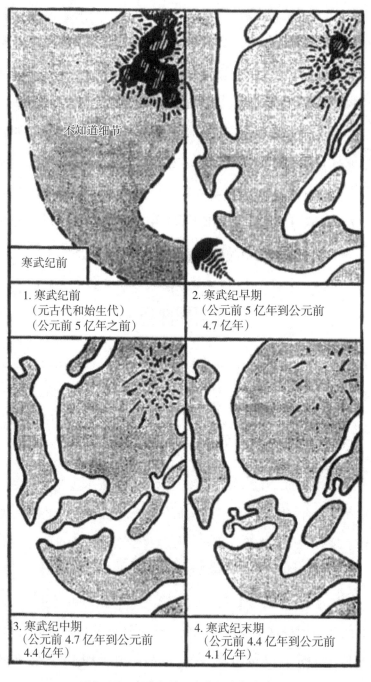

图 5-17　寒武纪前至寒武纪末期的地图

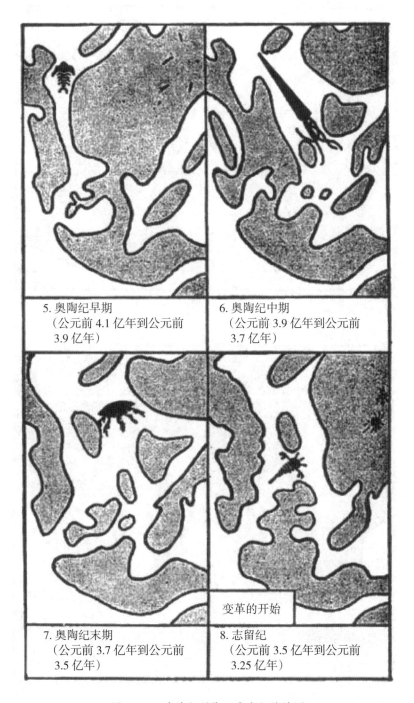

5. 奥陶纪早期
（公元前 4.1 亿年到公元前
3.9 亿年）

6. 奥陶纪中期
（公元前 3.9 亿年到公元前
3.7 亿年）

7. 奥陶纪末期
（公元前 3.7 亿年到公元前
3.5 亿年）

变革的开始

8. 志留纪
（公元前 3.5 亿年到公元前
3.25 亿年）

图 5-18　奥陶纪早期至志留纪的地图

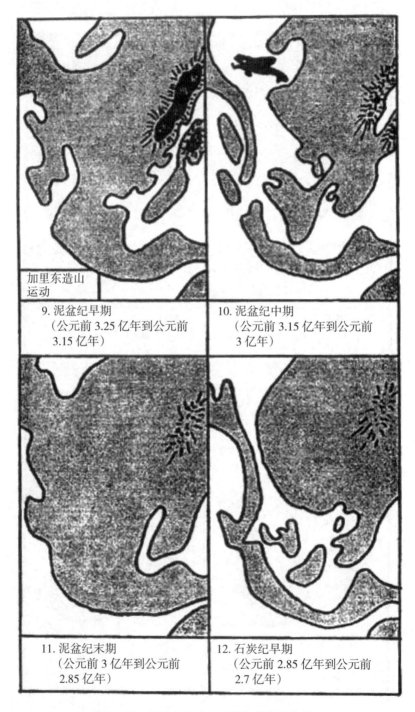

图 5-19　泥盆纪早期至石炭纪早期的地图

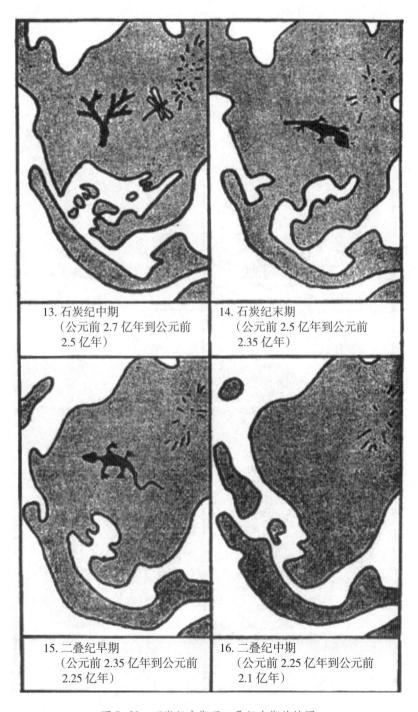

13. 石炭纪中期
（公元前 2.7 亿年到公元前 2.5 亿年）

14. 石炭纪末期
（公元前 2.5 亿年到公元前 2.35 亿年）

15. 二叠纪早期
（公元前 2.35 亿年到公元前 2.25 亿年）

16. 二叠纪中期
（公元前 2.25 亿年到公元前 2.1 亿年）

图 5-20　石炭纪中期至二叠纪中期的地图

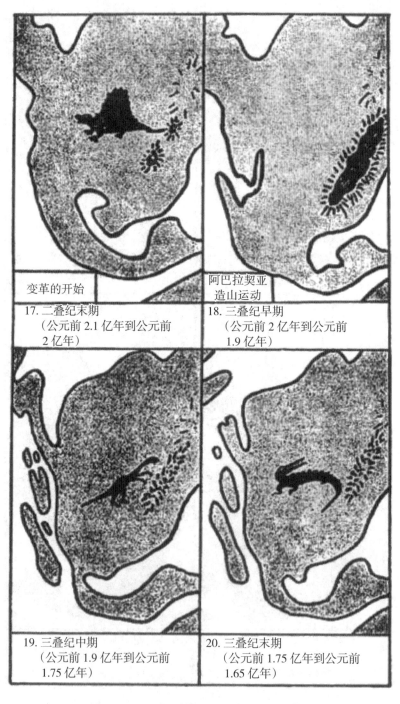

图 5-21　二叠纪末期至三叠纪末期的地图

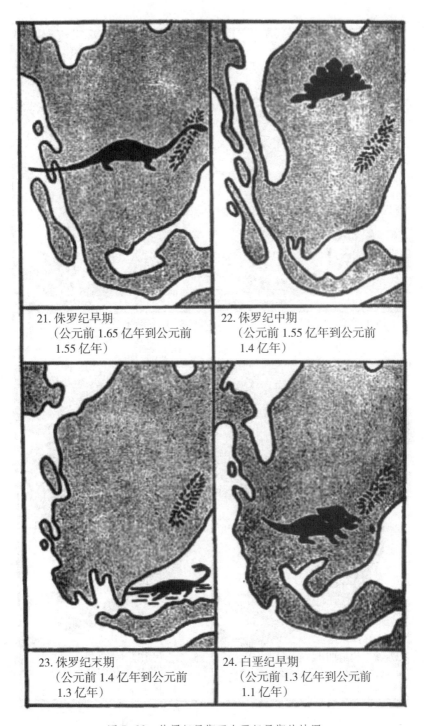

21. 侏罗纪早期
　　（公元前 1.65 亿年到公元前
　　　1.55 亿年）

22. 侏罗纪中期
　　（公元前 1.55 亿年到公元前
　　　1.4 亿年）

23. 侏罗纪末期
　　（公元前 1.4 亿年到公元前
　　　1.3 亿年）

24. 白垩纪早期
　　（公元前 1.3 亿年到公元前
　　　1.1 亿年）

图 5-22　侏罗纪早期至白垩纪早期的地图

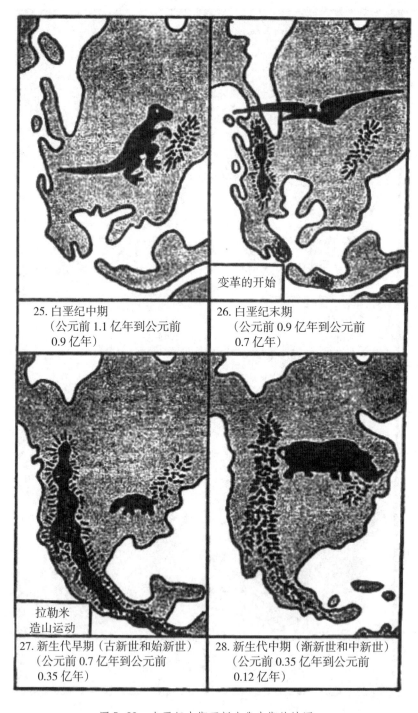

25. 白垩纪中期
    （公元前 1.1 亿年到公元前
    0.9 亿年）

变革的开始

26. 白垩纪末期
    （公元前 0.9 亿年到公元前
    0.7 亿年）

拉勒米
造山运动

27. 新生代早期（古新世和始新世）
    （公元前 0.7 亿年到公元前
    0.35 亿年）

28. 新生代中期（渐新世和中新世）
    （公元前 0.35 亿年到公元前
    0.12 亿年）

图 5-23　白垩纪中期至新生代中期的地图

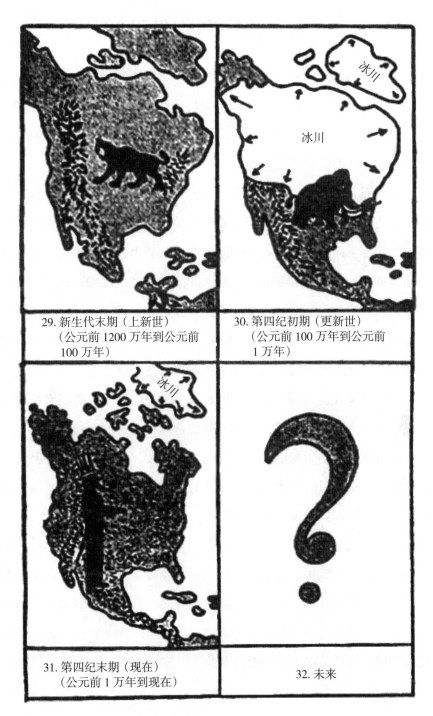

图 5-24　新生代末期至今的地图

对古生物学领域的好奇

本章以地质学家和古生物学家在工作中经常遇到的一个谜团的解答作为结尾是再合适不过了。他们通过辛勤工作或偶然机会所获得的许多解决方案，比当今图书市场上众多侦探小说中"谁杀了知更鸟"之类的谜团的解答更为引人注目。

在怀俄明州和邻近的山区，人们可以发现非常奇特的物体。它们是石头碎片，主要是花岗岩，直径几英寸，呈椭圆形，表面光滑发亮。印第安工匠用它们来打磨陶器表面，然后再放入窑中烧制。这些花岗岩碎片是如何变得如此光滑的？我们知道，海浪拍打在海滩上，使砾石四处滚动，使它们变成光滑的椭圆形。但是，在海洋岸边发现的卵石表面是哑光的，无法与在怀俄明州发现的石头的光泽度相媲美。此外，北美洲大陆的这个区域从未曝露在海浪之下。

一代又一代的地质学家绞尽脑汁思考这个问题，但都没有解谜成功。结果这个谜团的解决方案以一种完全出乎意料的方式出现了。在一次地质考古行动中挖掘出了一具恐龙的骨架，这是那个地区经常发现的遗迹。在这只古老野兽的石化肋骨之间，正好是它的胃所在的地方，堆着大约一打光滑的花岗岩石头。

"简单，我亲爱的华生，"夏洛克·福尔摩斯可能会这样说，"如果你曾在农场生活过，你可能记得鸡通常会吞下小卵石，这有助于在它们的胃中磨碎食物。嗯，恐龙显然也有同样的习惯，但由于它们比鸡大得多，它们吞下的石头也大得多。你看到的这个光滑的表面是在数百万年前由恐龙胃的肌肉磨光滑的。"而事实正是如此。

第六章
天气与气候

空 气 父 亲

地球周围的大气像是一层广阔而稀薄透明的"空气海洋",我们生活在"空气海洋"的底部。新墨西哥州圣菲市(海拔 7000 英尺)以下占据着大气层的 1/4,海拔 16500 英尺(恰好是亚拉腊山的高度)以下占据着大气层的一半,而海拔 30000 英尺(珠穆朗玛峰的高度)以下则占据着大气层的 3/4。不过,地球大气的边缘可在地表几百英里之上,而且很难说清楚大气在多高的地方就变成星际空间里那种稀薄的气体。地球大气总质量约为 5000 万亿吨,这个数字虽然很大,但跟海洋里海水的重量比起来,只占 0.3%。大气里有 75.5% 是氮气,23.1% 是氧气,0.9% 是氩气这种惰性气体,0.03% 是二氧化碳,还有一些其他气体。在大概 6 英里高的地方,空气中含有大量的水蒸气。这些水蒸气是从海洋和地面上蒸发上来,被上升的气流带上来的。暖空气上升的时候会先膨胀,然后变冷,这就是为什么海拔越高越冷。在 12 英里高的地方,气温能降到水的冰点;再往高处,在 6 英里高的地方,气温能降到约 $-100\ ^\circ F$。垂直对流气流不会超越这一高度，而在更高的空域，空气保持无湿且温度恒定（图 6-1）。地球大气层中延伸至 6 英里高度的部分被称为对流层，其中发生的物理现象对地球表面的生命至关重要，暴风雨、飓风、龙卷风和台风都是从这儿来的，各种各样的云也在这儿形成，雨、雪、冰雹都是从这儿落下来的。在对流层上面，气候就温和多了，天空总是蓝蓝的，这里叫平流层，飞行员喜欢在平流层平稳地飞行。

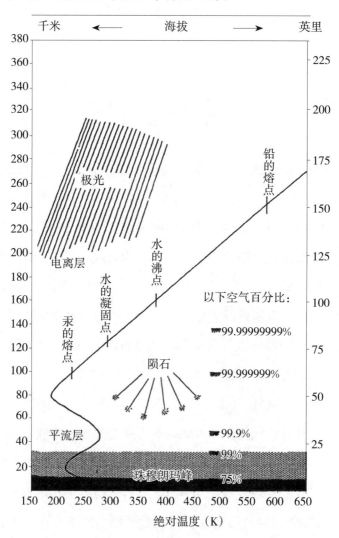

图 6-1 地球大气的剖面

地球上的生命就像一场盛大的魔法表演，而空气和土壤则是幕后的大功臣。除了氩气这个"懒家伙"，空气中的其他成分都在生命舞台上忙得不可开交。蛋白质可是构建生命的超级材料，它由碳、氢、氧、氮这些"小能手"组成。植物在阳光里欢快地吸收二氧化碳，从中抓取碳元素来制造糖类和其他宝贵的有机物，还大方地把氧气送回空气里。氢元素和氧元素就藏在水中，顺着植物的根溜进身体。氮气被土壤里的细菌施了魔法，变成植物茁壮成长的肥料。所以，咱们总说土壤是"大地母亲"，可别忘了还有"空气父亲"，它俩携手，才让生命的奇迹不断上演！

从另一个奇妙的角度看，地表的动植物们和大气组成之间玩着一场超有趣的"互动游戏"。你知道吗？植物就像一个个勤劳的"二氧化碳小卫士"，每年能把约5000亿吨的二氧化碳变成有机物，这差不多是大气中二氧化碳总含量的1/3！要是没有新的二氧化碳补充，短短3年，大气里的二氧化碳就会被植物"吃"光。草地、灌木和树木的贡献只占二氧化碳吸收总量的1/10，剩下的9/10都是海洋里藻类植物的功劳。那消耗掉的二氧化碳是怎么补回来的？原来是靠动植物的呼吸（植物晚上也会悄悄"吃"氧气）、植物落叶腐败、偶尔调皮的森林火灾产生的二氧化碳来补给。就这样，几千年来，大气中的二氧化碳含量就像走钢丝一样，始终保持着微妙的平衡。

假如地球上没有那些生机勃勃的有机生命体，那大气里的氧气会在各种无机氧化作用下慢慢消失不见，大部分还会变成二氧化碳。金星上似乎就经历了这样的情况。天文学家通过光谱学分析发现，金星的大气中含有大量的二氧化碳，可就是找不到游离氧的影子。这很明显地在告诉我们，金星表面大概率是没有生命存在的，一片死寂。

地球大气还有个超厉害的本事，它能把咱们的地球变成一个超级大温室，让地球的平均温度维持在大约 60 ℉。要是没了大气，温度可就会噌噌往上涨！就像兰花和草莓住的温室那样，温室的玻璃对可见光几乎不挡道，能让大部分的太阳光都照进来，可对被太阳加热的物体散发出的热射线却不"放行"，这样就形成了温室效应。太阳能被玻璃顶棚"关"在里面，温室里的温度就比外面高好多。地球大气里的二氧化碳和水蒸气就像温室的玻璃，虽然它们在大气中的量不多，却能吸收从温暖地表辐射出来的好多热射线，再把它们反射回地表。白天地表多余的热量被对流气流带走，晚上又被大气"送"回来。地球和月球相比，大气的这种调节作用就更明显了。月球得到的热量和地球差不多，可它没有大气。用辐射热探测器测月球表面温度，好家伙，亮面的岩石能热到 214 ℉，暗面却能冷到 –243 ℉。要是地球没了大气层，白天水会咕噜咕噜沸腾，到了晚上，酒精都得冻成冰坨子！

地球大气就像一个贴心的超级护盾，在为地表保温，让万物享受温暖舒适的同时，还阻挡来自太阳的那些"不友好辐射"。要知道，太阳除了洒下温柔的可见光，还会释放大量的紫外线、X 射线及高能粒子！要是这些危险物质一股脑儿地冲到地表，那对动植物来说可就是灭顶之灾。幸好有大气的上层部分把这些危险射线通通吸收掉，只让极微量的紫外线悄悄溜进来，刚好能给在沙滩上玩耍度假的人们的皮肤染上一层漂亮的古铜色，算是太阳送来的一点"小调皮"福利。

最后可不能忘了，大气是地球的"守护天使"！它能帮我们挡住大大小小的陨石（当然，那种特别大的陨石除外，不过它们撞上地球的可能性微乎其微）。就连那些人造卫星或者运载火箭，在完成任务后重新进入大气层时，也会被大气阻拦，在剧烈的摩擦中完全燃烧、解体，根本无法对我们造成伤害。大气总是默默地守护着地球上的一切!

地球上的能量平衡

其实，地表上几乎所有的活动都得靠着太阳辐射供给的能量才能发生（地震和火山爆发除外）。太阳离地球那么远，地球大气外表面每平方英寸也只能接收到约 1 瓦的太阳辐射，这点能量连让一个小手电筒的灯泡亮起来都够呛。但是，要是把这个能量乘以地球的几何横截面积，那从太阳到地球的总能量就有 170 拍瓦！这些入射能量里，约有 40% 都被能盖住地表一半面积的云层反射回去了，还有一部分被云层吸收了，另外有 15% 的热量在还没到地面的时候就被大气"截胡"了。所以，最后只有约 45% 的总入射太阳能，也就是约75 拍瓦能到达陆地和海洋，被地表吸收。在这些被地表接收的能量里，约 1/4，也就是 20 拍瓦，都消耗在海洋表面每天那 1 万亿吨水的蒸发上了。被风刮跑的水蒸气后来又凝结成云，给干旱的大陆送去清凉的雨水。还有约 2 拍瓦的能量用来维持气流和洋流，靠着它们把地表接收能量的 15% 左右从热带送到极地去。大概 7 拍瓦被植物吸收了，不过在光合作用里消耗掉的还不到这 7 拍瓦的 0.5%，也就是0.3 拍瓦。地表接收那些剩下的能量，要么从地表辐射回宇宙，要么从大气辐射回宇宙。要是把入射太阳能的分布画成图表，按照能量流的比例大小画出这个"管道系统"分支的横截面宽度，就能得到像图6-2 的示意图。

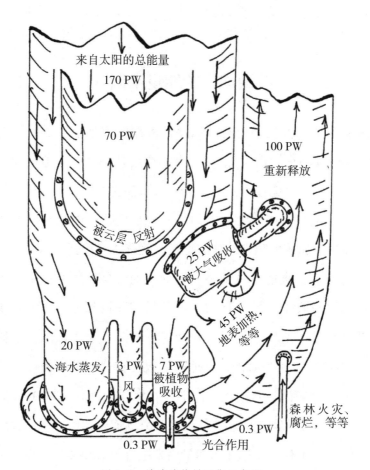

图 6-2　地球的热量平衡示意图

　　现在，让我们跟着图 6-3 里的"管道系统"，去看看植物有机物生产过程中的能量都去哪了。大部分能量都像调皮的小精灵，悄悄溜走，从而被浪费掉。只有 2% 的植物合成材料能幸运地被地球上的人们当作蔬菜吃进肚子里，还有 1.5% 被用来喂家畜，1% 被当成薪柴用来在家取暖做饭或者用于工业。你看，动物食道到人类食道之间那窄窄的"小通道"代表的就是人类的肉食供应，其他的人类食物，都是从植物和鱼类那儿获取的。柴火管道上标着 3 太瓦的能量，它会流进一条更宽的管道，这条宽管道能输送通过燃烧煤、石油还有天然气得

到的 30 太瓦的能量。这都是因为在很久很久以前的地质时代，那些
植物通过光合作用储存下来的能量，才让我们现在有了这些超宝贵、
无可替代的能源宝藏。

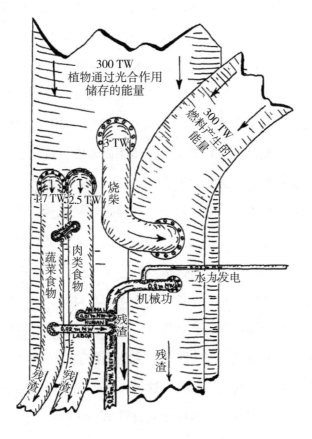

图 6-3　生命过程的热量平衡示意图

当我们试图把热量变成机械功时，就像在走一条布满陷阱的路，
会遭遇极大的损失。煤、石油、天然气及木柴，它们燃烧产生如此多
的热量，最后仅仅转化出 200 吉瓦的机械能，再加上人们辛苦劳作产
生的 20 吉瓦机械能，以及牲畜干活产出的 10 吉瓦机械能。还有一条
从主要能源太阳能之外直接接入的"小细管"，它代表的是水电站输
送来的 20 吉瓦的能量。

全球大气环流

　　地表不同地方能接收到的太阳能数量，和它们所处的地理位置有很大关系。在赤道地区，中午的时候太阳差不多就在头顶直射，那接收的能量自然是最多的。可到了极地地区，太阳总是在地平线附近溜达，很少高高升起，于是极地地区接收到的热量就少得可怜。大家肯定都记得上学时学过的知识，地球的情况有点复杂，它的自转轴并不是和公转轨道平面完全垂直的，而是有个 23.5° 的夹角。地球绕太阳转的时候，自转轨道在空间里一直保持相同角度，每年这么一圈圈转下来，就有半年北半球朝着太阳、半年南半球朝着太阳，朝着太阳的时候肯定就会得到更多热量。两个半球接收热量的多少会周期性变化，这就有了四季交替。北半球是冬天时，南半球就是夏天；北半球是夏天时，南半球就是冬天。从两极来的冷空气会往赤道跑，把暖空气替换掉，这样大气环流就产生了。要是地球不自转，大气环流就简单多了。赤道被太阳晒热的空气会上升，然后被从极地沿着地表来的冷空气替换掉。上升的暖空气变冷后，会从高海拔往两极流动，代替从低海拔往赤道流的冷空气。要是真这样，整个北半球就会一直刮寒冷的北风，南半球则相反。但地球是会自转的，从极地往赤道跑的冷气团和从赤道往两极移动的暖气团，就不会沿着笔直的经线走了，而会偏离。其中原因也不难理解，地球是个固态球体在旋转，表面上点的速度会随着纬度增加而变小。赤道上速度约为每小时 1000 英里，纽约纬度 40°，速度就只有每小时 900 英里，阿拉斯加和哈得逊湾纬度 60°，速度每小时 800 英里，斯匹次卑尔根岛纬度 78°，速度才每小时 640 英里，两极的极点速度当然是 0。因为惯性定律，从两极到赤道的冷空气气团会保持自己原来的速度，这么说吧，它们要经过的地面会比它们跑得快。地面上的人可观察到，从北边来的冷风会往西偏移，这种从东北往西南刮的风就叫东风带。同样，从赤道往两极走的气团，到了地面速度比它自身速度慢的纬度地区，就会在地面上空高速移动，气流就往东偏，人们看到的从西南往东北刮的风，就是西风带。

因为从极地往赤道移动的气团和反向移动的气团两边会有大气往外溢出来，所以要是地球不自转，在南半球和北半球就会各自形成两个超级大的气旋，就跟齿轮箱里的木齿轮似的；而且，这些大齿轮还能拆分成好多更小的、彼此连接着的循环系统（图6-4）。

从图6-4可以看到，两个半球上分别有3个分开的循环系统。

1. 极地地区：范围是从两极分别到大概北纬60°或者南纬60°的地方。在这里，冷空气大多是从东往西跑的，就形成了两个特别大的、冰冷的气旋，这可是北极地区和南极地区很明显的特征。

2. 温带地区：处在北纬或者南纬60°到30°之间（就好比从北美洲的哈得逊湾到佛罗里达州的地区），在这个区域，西风可是最常刮的风。

3. 亚热带地区：就在赤道周围，有一条宽60°的带子。这儿的暖风主要是从东往西刮的，人们把它叫作"信风"。这"信风"可帮了大忙，以前西班牙和葡萄牙那些去中南美洲探险的人，就是靠着它在海上航行的。

不过，每个区域里面的风相对来说是比较稳定且又强烈的，可到了气流主要往下移动的区域边界，基本上就没什么风了。温带和亚热带大气环流区之间的边界，大家叫它"马纬度"。为什么叫这个名字？据说在以前，人们用大帆船把马从欧洲运到美国去的时候，帆船走到这里，总是长时间无风，船就被困在海上走不了。船上又没有足够的草料喂马，没办法，只能把马扔到海里去了。因此，传说北太平洋沿着 30° 纬线的海底，到处都是马的骸骨。

还有，沿着赤道那片不太适合航海、海风很小的纬度带，水手们都叫它"赤道无风带"。

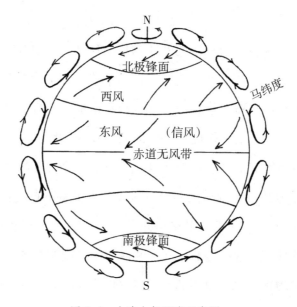

图 6-4　全球大气环流示意图

极地风与温带地区常刮的西风之间的边界，称为"极地锋面"，它对温带地区的气候状况影响非常大（图 6-5 上图）。这些边界地带其实特别不稳定，从极地来的冷空气和从低纬度来的湿润暖空气，总会在这儿起冲突。冷空气比暖空气重，两股汹涌的气流相互一撞，暖空气就只能像爬山一样，爬到冷空气上头去了。这一抬高，暖湿空气的温度就降下来了，里面的水蒸气也跟着跑出来，变成了层层叠叠的云层。极地锋面不管是往前推进还是往后退缩，都会带来降雨、降雪和大风天气，住在这附近的居民可遭了殃，就像被困在两支交战军队中间城镇里的老百姓一样。极地锋是向北还是向南移动，根本无法提前预测，这得看极地风与西风谁更强一些，有时候一天之内就能漂移上千英里。一般来说，北极锋面在夏天的时候会往极点那边偏移（最远能到哈得逊湾），到了冬天就往南移（远到佛罗里达州），可把那里的农场主急坏了，总是担心自家的柑橘会被冻坏（图 6-5 下图）。

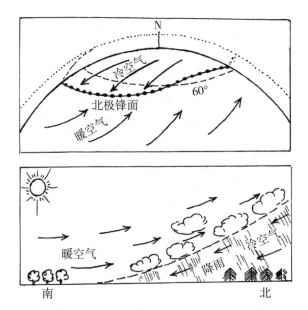

图 6-5　北极锋面的前进（上图）和冷暖空气的激烈较量（下图）

气流和海洋洋流

　　覆盖了差不多 70% 地表面积的海洋上空，全球风呼呼地吹着，它们对水体运动产生的影响就叫作"洋流"。大气环流在很大程度上不太会被地球的表面特征限制住，可洋流就不一样，大陆把各个大型水域都隔开了，这对洋流有很大的限制。地球的洋流系统就如图6-6 展示的那样。这图可有点特别，是一种很不寻常的地球投影，是专门这么设计的，为的就是能在一张图里把所有重要的海洋都表示清楚。

图 6-6　世界海洋的环流情况
（北冰洋区域所添加的箭头表示俄罗斯近期对冰原漂移的研究结果）

世界洋流的奇幻之旅

乍一看，洋流的情况十分复杂，复杂到让人觉得根本没办法简简单单把它解释明白。不过，要是更仔细地去研究这个问题，就会发现大气环流和海洋环流之间其实有着很确切的联系。图 6-7 展示的是一个对海洋盆地进行高度简化后的模型，它既可以代表太平洋，也能代表大西洋。模型左右两边那些有阴影的区域，代表的就是把主要海洋盆地限制住的大陆屏障，比如北美洲、南美洲、欧亚大陆和非洲。反之亦然，在北边是北冰洋，对应的南边就是南极洲大陆。图 6-7 中那些比较大的白色箭头表示的是主要的风；而小小的黑色箭头，则代表着这些风可能引发的洋流方向。在赤道两边，往西刮的信风催生了北赤道洋流和南赤道洋流，它们流淌的方向和信风的方向是一样的。这两股洋流又会被处在平静的赤道无风带地区、方向相反的洋流给"中和"一下。低纬度的东风（也就是信风）和高纬度的西风相互配合，就产生了两组亚热带气旋，北半球的气旋是顺时针转的，南半球的气旋则是逆时针转的。但是，南北半球这种对称的规律到了极地就被打破了。北冰洋的海水在极地东风的影响下，形成了北极气旋，海水从东往西流动。可地球另一头的情况就完全不一样，为什么？因为这边没有像北冰洋那样开阔的海域，而是有一块面积和北冰洋差不多大的南极大陆。所以，南极风对海水运动基本没什么影响，在那里占主导作用的是西风，西风能让海水绕着南极洲从西往东流动。要是把这个特别简化的理论情形和图 6-6 展示的真实洋流图放在一起对比，就会发现它们大体上是相似的，只不过简化图里的海洋形状受大陆那些不规则的海岸线影响，被挤得严重变形了。

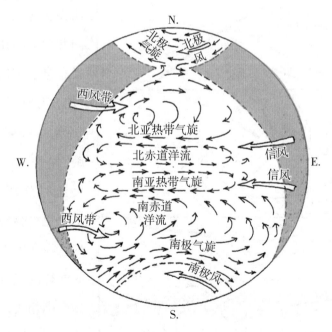

图 6-7 盛行风与洋流的关系示意图
（无论是对大西洋还是太平洋均成立）

大 气 气 旋

北极的冷空气一个劲儿地往南推进，而暖空气团则拼尽全力阻拦它，这两方就像展开了一场旷日持久的大战，这场"征战"让锋面线变得弯弯扭扭的，局势常常发展到类似军事上说的不稳定状态。在这种情况下，两边敌对的"战线"就会缠到一块儿，好像陷入绝境一样。就像图6-8展示的那样，冷空气团会试图从某些"战斗区域"的左边进行"包抄"，试图绕到对峙的暖空气团后方去。这时候，暖空气团就在前方的东部冲破和冷空气团之间的锋面线了，而冷空气团也能在西部找到突破口。两边这么相互贯穿之后，这两组对峙的气团就开始旋转起来了。因为往南边去的冷空气团总是会往西偏移，向北前进的暖空气团又总会往东偏转，所以它们产生的旋涡在学术上就叫作"气旋"。在北半球，气旋总是逆时针旋转的。也很容易就能发现，在南极极面形成的同样的气旋，旋转方向则相反，是顺时针方向旋转的。新形成的这些旋风从孕育

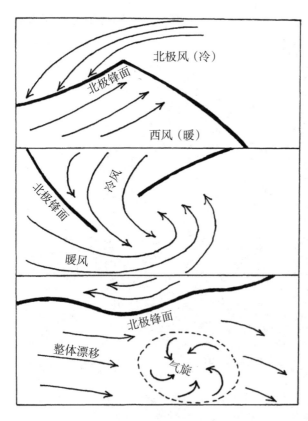

图6-8 旋风的形成过程

它们的极地锋面那儿脱离出来后，一开始那种狂躁的劲儿就慢慢平静下来了，然后它们就移动到温带地区去了，在温带盛行西风的推动下，开始往东移动。旋风移动的平均速度差不多是每天500英里，周一报道说在美国西海岸出现的旋风，到下个周末的时候就到达美国东海岸了。

我们眼中的旋风仿佛是一个个巨大无比的空气储藏库。在这个储藏库里，气团会朝着扰动中心不停地旋转，接着几乎是直直地冲向天空。这种大气运动有个特点，就是越靠近中心的地方气压越低。这是为什么？因为空气总是会自发地从气压高的地方往气压低的地方流动。因此，如果预报说气压在持续而且快速地降低，那基本上就能确定有一个气旋正在靠近。大家知道吗？靠近地面的空气里一般都含有大量湿气。当这些空气在气旋的中央区域往上升的时候，会迅速地变冷。这么一来，气旋经过的地方，就总会出现由水蒸气凝结而成的厚云层。

在气旋之间的区域，因为气旋里地面空气是往上升的，那些寒冷干燥的气团就会从上面往地面沉降。向下沉降的空气被压缩以后，就变得暖和又舒服，而且还是干燥的，接着就从中心往外扩散开。这时候，地球自转又开始起关键作用了，沉降空气的扩散运动就有了旋转的特性。在北半球，它是按顺时针方向旋转的，在南半球则是逆时针方向旋转。这些被叫作"反气旋"的天气现象可比那些强烈的气旋更让人喜欢。反气旋的时候，空气暖和又干燥，风也是轻轻柔柔的，在这样的天气里，太阳明晃晃地挂在晴朗无云的蓝天上，令人感到舒服。

旋风有一群"姐妹"，它们就是热带飓风，在东方常被叫作"台风"。之所以称它们为"姐妹"，是因为台风通常以女性名字命名。气象学家对它们的起源尚未完全明晰，大概率是温带与亚热带区域大气环流在锋面区域风系相互对抗所引发的。热带地区接收太阳能远超极地地区，且空气湿度更高，这使得大气气旋的特性被大幅强化。如同旋风，台风也有气团竖直运动，且逆时针旋转。不过，台风规模小于普通旋风，威力却更猛，风速在每小时 75 ～ 150 英里，在地表移动速度可达 1000 英里 / 天。多数台风源于亚热带海洋表面，在北半球向北移动，在南半球则向南移动，给温带城市带来危险与破坏。温带地区居民不断遭受着来自南北方向"侵略者"的双面夹击。

云、雨、雷电

之前讲过云是怎么来的。气团里的水蒸气发生液化，然后垂直空气对流就像一只大手，把湿润的气团送到了高空，接着云就出现了。其实云就是一大团雾，有好多特别微小的水珠在空气中飘着。在云的世界里，有一种特别重要又超级美的云叫"积云"。在晴朗又暖和的夏日，积云就会在高高的天空中出现。在大陆和海洋的表面，阳光洒下来，热量把部分海水蒸发，这些水蒸气一冷凝，积云就诞生了。积云一般都安安静静待在反气旋地带。在特定的空气循环时，积云里的空气就像在玩游戏，一些小水滴会在这个游戏里越变越大；而其他水滴，就会越来越小，最后消失不见。那些变大的水滴越来越重，重到空气浮力都拿它们没办法，就只好让它们从云里掉下来。它们在下落的过程中还会吸收更多的湿气，变得更大。这时候，清凉的夏日阵雨就会哗啦啦地落到我们头上，是不是很有趣？

有一种云叫"卷云"，它的名字 cirrus cloud 很有意思，在拉丁语里 cirrus 就是"羽毛"的意思，因为它看起来就像羽毛一样轻柔地飘在天上。卷云和平和增长的积云不一样，它飘得更高。在那么高的地方，空气超级冷，所以卷云里没有那些小小的水滴，而是有很多亮晶晶的微小冰晶。到了晚上，如果有一片卷云飘过来，把月亮遮住了一部分，这时候月光照在那些冰晶上，就会魔法般地在月亮周围变出一圈特别迷人的光晕，就好像给月亮戴上了一条闪闪发光的项链，是不是美极了？

不过，还有一些云是在很激烈的活动里产生的，和积云、卷云可不一样。像在极地锋面、旋风或者龙卷风里，空气疯狂地运动，大团湿润的空气一下子就被抬到很高的地方，水蒸气也大规模地冷凝起来，这样就形成了又重又密的"雨云"。雨云在地表上能延伸成很大一片。因为那里特别冷，气温比冰点低好多，所以水蒸气都凝结成小冰晶了。这些冰晶从云层里落下来，一边落一边结合更多的水蒸气，变得越来越大。要是在夏天，云层下面的空气暖和，冰晶就会融化成水滴，然后就会大量降雨；但要是在冬天，冰晶就不会融化，直接落下来变成雪，是不是很神奇？

在对流层那些不安分的扰动区域，正进行着极为剧烈的活动，这种活动引发了同样剧烈的电力干扰。在一朵云的不同角落、相邻云朵之间，还有云层与地面之间，几百万伏特的电压差就这么产生了。紧接着，便是那耀眼得让人睁不开眼的闪电，以及轰隆隆震耳欲聋的雷声。在很久很久以前，人们有着非常奇妙的想象，他们觉得雷电是神圣的铁匠制造出来的。雷神拿着他那巨大无比的锤子，用力敲击天上的铁砧，然后就有了雷电。现在我们当然不会这么天真，可不得不说，就算到了现在，对于雷电的解释也并不比古代神话好。大约半个世纪之前，英国物理学家威尔逊有了一个了不起的发现，这个发现可能让我们离雷电的真相又近了一些。他发现水蒸气很挑剔，比起带正电的空气粒子，它更喜欢黏着带负电的空气粒子。这么一来，负电荷就跟着雨水粒子跑到了云朵的下部，而正电荷就被留在了云朵的上部。慢慢地，云朵之间、云层和地面之间的电压差越来越大，大到足以产生闪电。不过，雷电的成因实在是太复杂了，研究它的科学家也是各有各的看法，到现在都还没有一个定论。

天气的预测和控制

天气预报的不靠谱众人皆知，有一首广为流传的英文诗曾如此调侃："预报或冷或热，究竟何种天色，其实无人晓得，结果皆是白说。"

德米安·比爱德尼另有一个稍显冷僻的俄文版本。在此诗里，有一处描述的是店铺橱窗外所挂的晴雨表，其旁的广告标语赫然写着："大甩卖！晴雨表——可预测天气的神器！"比爱德尼这般写道：有个愚蠢的家伙竟以为淘到了稀世珍宝，待他满心欢喜地将其买下（被这谎言所惑），便朝着售货员咧着嘴憨笑。"此刻快教教我，"他讲道，"究竟哪根指针能显示天气，是下面那根还是上面的？""随您意，皆可。您把它置于窗外，从一数到十，稍等片刻再瞧结果；若晴雨表是干的，那便意味着湛蓝天空不见片云。倘若它变湿了，自是在下雨。"傻瓜高声叫嚷："你这是让我买了个什么破烂玩意儿！毫无用处！这般情况我自己便能判断，绝对能行！""那是自然，"售货员说道，心底暗自嘲讽，"您当然可以。"

现代气象学在天气预报方面非常厉害！世界各地有不少气象台，把气压、温度、湿度、风向、风力等信息，都传送至中央气象办公室。气象学家用这些数据建立"天气图"，能看到每天天气如何变化，这样就能预测天气。在一定程度上，短期天气能准确预测。比如，24小时内，高气压区（反气旋）中心第一天在犹他州，第二天就跑到亚利桑那州北部；低气压区（气旋）中心第一天在堪萨斯州东南部，第二天就到宾夕法尼亚州东部。经验丰富的气象预报员看到这些变化，就能预测出明天、后天甚至未来一周的天气是怎样的。知道气旋和反气旋控制地区的天气不同，他们就能判断下个周末能不能去野餐，要不要给哈特拉斯角的渔民发布暴风雨警报，这是不是很神奇？

虽然现在天气预报大部分时候都比较准确，但它预测的方法更像一种艺术，不太像一门科学。现在大家都在想，能不能把预测天气的工作交给厉害的高速电子计算机。可这大多还只是想想，真正能落实的事还不多。计算机可以根据在地面上观测到的各种数据，还有从不同高度的气球、火箭，甚至更先进的气象卫星那里得到的数据，来计算出大气团是如何运动的，这里面的流体动力学问题很复杂！虽然要计算并解决这些问题特别难，但为了能更准确地预测天气，再难也值得努力尝试，说不定以后天气预报就能更准确了！

要是以后能靠计算机完成天气预测，气象学家说不定就能着手解决气象控制的难题，当然是在一定的范围内。地面上一些小小的改变，没准就能让天气模式大变样。比如，派几百架装满煤粉的轰炸机在格陵兰冰川上空撒煤粉，这样能让那片区域吸收更多太阳辐射，北极锋面来的冷空气团行动就会受到影响。洛斯阿拉莫斯科大学实验室的斯坦尼斯拉夫·乌兰也有个想法：在热带飓风的风眼旁边引爆一颗小原子弹，说不定就能改变飓风原来的路线，这样就能保护大西洋沿岸城市里人民的生命和财产安全。不过这些方法必须谨慎使用，毕竟改变天气不是小事，一不小心可能会引发其他更大的问题。

不过，在我们弄清楚怎么用超快速的电子计算机精准预测日常天气之前，人类对天气能够产生什么样的影响，这可无法评估。

气 候 史

　　气候这个词就像一个神秘的谜题。气候专家通常把它定义成一张长的清单，上面详细记录着一年里每个月的最高气温、最低气温、绝对湿度、相对湿度、晴天的天数、阴天时天空被云层遮蔽的比例，还有每个月的平均降水量等。可即便我们手里掌握着所有这些数据，还是很难评判这样的气候到底是宜人，还是糟糕，还是普普通通、无足轻重。

　　要是用这种略显枯燥的科学定义描述气候，就会发现不同地方的气候差异显著。有人就留意到在最近的 30 年里，北美东部与欧洲北部的气候悄悄地变暖和了一些。斯匹次卑尔根岛堪称气候变化的极端例子，1913—1937 年，那里 1 月份的平均气温居然上升了大约 5 ℉。整个 20 世纪，北半球的气候仿佛都在慢慢变暖，高山上的冰川也在持续消融。有迹象显示，当下大约占据 3% 地表面积的极地冰冠正以每年 2 英尺的速度融化，也就是说冰面在快速消减。冰川融化而成的水汇入浩瀚海洋，致使海平面逐年上升约 1 英寸，换算下来每个世纪就会升高 10 英尺。要是极地冰冠彻底融化，海平面将大幅上升 200 英尺，如此一来，所有主要的沿海城市都将被海洋淹没。不过，要使冰川全部融化，太阳得在两年半内把产生的全部能量都输送给地球才行，而且由于极地冰雪仅能吸收其中极少的一部分，所以真要发生这样的情况，恐怕得等上几十万年。

　　我们现在能直接看到的气候变化，只对应于地球那超级漫长的地质历史里眨眼的时间段。可是地质学家发现的证据告诉我们，几十万、几百万年前的气候变化十分显著！大概在 2.5 万年前的时候，北方高地降下许多巨大的冰川，这些冰川带着超厚的冰层，一下就把南边的低地全都覆盖了（图6-9）。你能想象吗？现在我们那些舒适的居住地，以前都被大冰川压着。在美洲，冰川几乎占了现在美国一半的陆地面积，一路延伸至纽约、堪萨斯城和旧金山那么远；在欧洲，现在的伦敦、柏林和莫斯科以前也被埋在厚厚的冰层下面。那些冰川就像一个个大力士，顺着山坡往下滑的时候，还把大石头都拔下来一起带着走。这些大石头有的整块跟着冰川滑动，有的则被磨成了小小的砂石。纽约城附近那些看着有点危险的大石头（图6-10），还有在美国和欧洲其他城市找到的各种证据，都能证明，在几万年前，冰川能延伸到这么远的南方来。

图6-9　山坡上流淌下来的"冰河"（美国地质调查局提供）　　图6-10　一块曾在上一个冰河时期被冰川携带、如今停歇在被冰川磨光的岩石地面上的巨石

（美国地质调查局提供）

　　冰川就像一个超级大怪兽，它在移动的时候，会把岩石研磨成沙土和细细的石粉，然后带着这些"战利品"，在前端边缘堆积起来。后来，冰线慢慢后撤，这些颗粒物就被风带到南方，撒在大片的平原上。北美洲的沙漠和撒哈拉的大部分沙土可能就是这么来的。冰川朝南移动的时候，要是碰到松软的地面，就会用力"挖"出深深的凹槽，就像挖宝藏一样。北美洲的五大湖和欧洲北部的众多湖区，都是被冰川这个大力士挖出来的！

要是把时间再往前推，推到更早的地质时期，气候的情况可就大不一样！科学家研究了约 4 万年前形成的那些沉积物，发现那时候的气候比现在暖和很多。在北欧的沉积物里，人们找到了很多棕榈树和其他植物的化石。要知道，现在这些植物可不会在如此高纬度的地区生长。在美洲，在俄勒冈和华盛顿这类靠北的城市附近，都发现了木兰花叶的化石。橡树、栗树和枫树居然曾在阿拉斯加、格陵兰岛和斯匹次卑尔根岛上生长，而像矮桦树这种典型的北方植物，生长在现在根本没有植物能存活的高纬度地区，且长得特别茂盛。但是，如果我们接着往前追溯，就会发现情况完全相反。地质证据显示，约 6 万年前，在大陆平原上往南延伸的冰川，比后来的冰川推进得还要远。图 6-11 给我们展示了过去 600 万年间，欧洲的冰川一会儿往前推进，一会儿又往后撤退的情况。

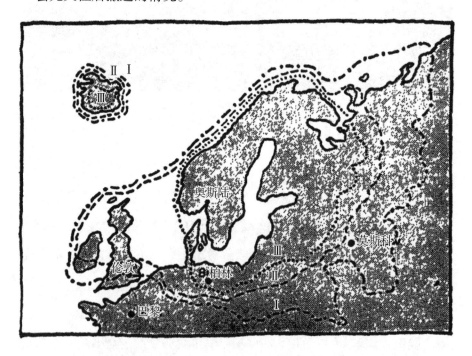

图 6-11　欧洲最后三次冰川时代的最大覆盖范围

要是追溯到更古老的地质时期，能找到的证据就少得可怜。不过，还是有一些模模糊糊的线索。约在 1.5 亿年前的阿巴拉契亚造山运动时，似乎有冰川活动的迹象。而且很久很久以前，在南美洲、南非、印度和澳大利亚这些地方，也有冰川作用的蛛丝马迹。只是因为时间实在太过久远，这些证据都不是特别确凿，还需要科学家进一步探索和研究。

美国著名科学家哈罗德·尤里最近找到了一种探秘古温度的方法，也就是探寻往昔岁月温度的新奇路径。在第五章曾提到，古代海洋底部那些层层叠叠的石灰岩，是微小海洋生物用自己的"小骨头"精心搭建而成的。石灰岩的化学密码是碳酸钙，它们原本悄无声息地溶解在浩瀚的海水中。现代核物理学家如同敏锐的侦探，发现氧元素这个大家族里有两个"性格"相似但"体重"不同的同位素成员。轻盈的 O^{16} 同位素在氧家族中占据了 99.8% 的"地盘"，而敦实的 O^{18} 同位素仅占 0.2%。当海水中碳酸钙分子在化学反应中诞生时，这两种氧同位素（O^{16} 和 O^{18}）就像两个争着上舞台的演员，它们在碳酸钙分子中所占的比例，全由海水温度这个"导演"来决定。那些原本在海水中游荡的碳酸钙分子，被微观海洋生物当作宝贝吸收，形成了它们坚固的钙质外壳。这些小生命谢幕后，外壳便悠悠地沉降在海底，日积月累，构建了石灰岩沉降层。于是，尤里像个解谜大师般宣称，只要仔细探究不同石灰岩沉积物中 O^{18} 和 O^{16} 这两位"演员"的戏份多少，就能揭开这些沉积物形成之时海水温度的神秘面纱。我们只需在浅海海底轻轻挖个洞，就能获取不同时期的石灰岩样本，测量其中氧同位素的比例，这仿佛握住了一把开启过去温度大门的神奇钥匙，从而大致确定那些古老时代的温度。图 6-12 的上图展示的就是运用这个超酷方法探秘过去 10 万年的成果。凯撒·埃米里亚尼从洋底沉降层的 3 个不同样本中挖掘出的海洋温度信息，在图中与这些沉降物的年代一一对应。汉斯·休斯则凭借前 3 万年 3 个岩芯的放射性碳测量，巧妙地推算出沉积速率，精准锁定了这些沉积物的年代。这样得出的海洋温度变化曲线，与图 6-12 的下图中用传统地质学方法绘制的欧洲冰川如勇士般前进和后退的轨迹，竟如双生花般完美契合。

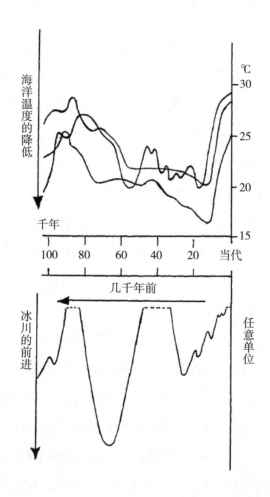

图 6-12　过去 10 万年间海洋温度的变化和冰川的前进

大气中的氮原子（N^{14}）在高能宇宙射线的轰击下，转变为碳的放射性同位素 C^{14}。通过光合作用，C^{14} 被纳入植物组织（海洋中的藻类）的一部分。C^{14} 的半衰期为 5700 年，衰变后会恢复为 N^{14}。美国化学家威拉德·利比提出了一种方法，可以通过测量古代有机沉积物中仍含有的 C^{14} 量来估算沉积物的年龄。

周期性"寒潮"是什么造成的？

要搞懂冰川为什么会周期性地在地表出现，得先明白这是两个周期的问题。第一个周期：大规模造山运动之后，地球历史就进入了一个特别的时期。这时候，大陆的表面就像被一只大手抬高了，许多高山冒了出来。这种地表的升高很重要，它是厚厚的冰层能够形成的前提条件。有了高山，冰层就开始出现，它们从山顶一点点地向下蔓延，慢慢地就把周围的平原都盖住了，范围越来越大。

可是，每个随着造山运动到来的冰川时代，还有个短周期的变化。当山仍高高耸立在地表的时候，冰川在平原上会来来回回地推进、撤回许多次。这第二种周期性，明显和地表的结构没什么关系，肯定是温度发生了变化才引起的。要知道，地表的热量平衡全靠照到它上面的太阳辐照量来控制。所以，我们接下来就得探究什么因素会影响照到地球上的太阳辐照量。这些因素大致可分为三类：一是地球大气透明度会变；二是太阳活动也有周期性的变化；三是地球围着太阳公转的位置也在变。

好多气候学家都只从大气的角度去说明气候变化，这个说法是建立在一个假设上的。不知为何，大气中二氧化碳的含量会随着时间周期性地变化。要知道，这种成分在吸收热辐射方面作用很大，所以只要二氧化碳含量稍微降低那么一点儿，地表温度就有可能大幅降低，如此一来冰川时代就会形成大量的冰。不过，我们一定要记住，虽然这个解释听起来很有道理，但为什么空气里二氧化碳会这样周期性地波动，大家根本不太明白。而且，也没办法去证实以前大面积冰川的形成真的和空气中二氧化碳含量的变化有关系。

试图用太阳活动的变化来解释寒潮的假说也不太靠谱。我们确实看到了太阳辐射会周期性变化，这是因为太阳黑子的数量一直在变。大概每 10 年或者 12 年，太阳黑子数量就会达到最大值。在这个时候，地表平均温度会下降差不多 2 ℉，就是因为我们收到的太阳辐射变少了，这都是事实。但是，没有什么实验或者理论能证明太阳活动这样的变动能持续上千年。就像二氧化碳假说那样，要去验证以前的冰川时代是不是能和太阳活动最少的时候相对应，似乎也不太可能。

而这三个假设里的最后一个假设就不一样，它可没有上述那些让人怀疑的地方，而且，这个假设不但能让我们搞清楚冰川为什么会周期性地出现，还与地质学上找到的证据在时间上特别吻合。

太阳活动的最小值对应着太阳黑子的最大值。因为太阳黑子温度较低，使得其出现区域不如周围明亮，看起来呈"黑色"，而太阳黑子的出现则表明该区域的活动较弱；相反，耀斑是由发生区域更剧烈的反应引起的，产生更高的温度，是太阳活动最剧烈的迹象[①]。

地球表面为什么会有季节变化？这是因为地球的自转轴和公转轨道平面不是平行的，而是有个倾斜角。这样一来，北半球在一年里就有 6 个月是朝着太阳的，另外 6 个月，则是南半球朝着太阳的（图6-13）。朝着太阳的半球，白天时间变长了，而且垂直照到地表的太阳光线也更多，所以就能接收到更多热量，因此形成了炎热的夏天；

---

① 原文中的表述"太阳活动的最小值对应着太阳黑子的最大值"在常规理解下可能有些反直觉，因为通常我们认为太阳活动增强时太阳黑子数量也会增多。但这里的表述可能是从某个特定角度或研究背景下提出的，因此在翻译时保留了原文的意思。

而另外那个半球，则是寒冷的冬天。

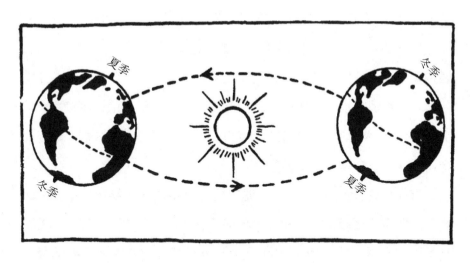

图 6-13　南北半球季节交替的缘由

但是，地球公转的轨道可不是正圆形的，而是椭圆形的。这就意味着地球在轨道上不同位置的时候，离太阳远近不一。现在地球在 12 月底时会经过离太阳最近的地方，也就是近日点，然后在 6 月底到达离太阳最远的远日点。所以，北半球的冬天就会比南半球的冬天稍微暖和一点，北半球的夏天，也会比南半球的夏天稍微凉快一些。天文学家们观察发现，12 月的地日距离比 6 月的地日距离短 3% 左右。因为辐射强度会随着距离增加而按照距离平方成反比例减弱，所以两个半球接收到的热量差能达到 6% 左右。根据接收到的辐射量和地表温度的关系，我们就能计算出：现在北半球夏天的平均温度比南半球夏天的平均温度低 7～9 ℉，而北半球冬天的平均温度比南半球冬天的平均温度高 7～9 ℉。

两个半球之间这点温度差距好像没法解释冰川时期，人们觉得夏天越凉快，那冬天就会越暖和，反过来也一样。但其实这种想法并不正确。因为冰川形成的时候，夏天和冬天温度变化产生的影响并不是一样的。实际上，要是温度已经在冰点以下了（冬天常常就是这样的情况），那就算温度再接着降低，对降雪量也没什么影响，毕竟这时候空气中的水汽不管怎样都已经变成雪花落下来了。可换个角度看，要是夏天辐射量增多了，那就会让冰雪融化得更快，冬天形成的冰雪一会儿就被消除很多。所以，我们就能得出这么个结论：比较凉爽的夏天可比更寒冷的冬天更有助于冰川形成。也正是因为这样，现在北半球才有了适合冰川存在的条件。

有人也许会好奇地问："可是，既然北半球的气候条件适合冰川增长，那为什么现在欧洲和北美洲都没有冰川？"这答案就跟温差的具体数值有关。7 ℉ 到 9 ℉ 的温差，好像比冰川增长所需要的最小温差还差那么一点儿。就像我们看到的，现在北半球的冰川线是在往回收缩，而不是向前延伸。要知道，冬季的降雪量和夏季的融冰量之间的平衡很微妙，只要夏天的气温下降 2 ~ 3 ℉，说不定整个局面就完全不一样，冰川就可能又开始增长了。

也许是更大的温差才造成了以前大面积冰川的形成。要想了解为什么会有更大温差，就得看看地球自转轴在方向上可能产生的变化，还有地球绕太阳公转轨道运动可能产生的变化。地球的自转轴在空间里的位置会慢慢地改变，它会形成一个圆锥体，这个圆锥体的中轴线与轨道平面相垂直。从我们玩的陀螺上也能观察到类似的情况（图6-14）。地球自转轴的这种运动就叫作"进动"。牛顿说，这是太阳和月亮对地球上赤道隆起带旋转产生引力作用的结果。地球自转轴在空间里的运动很慢，差不多要 2.6 万年才能走完一个周期。很明显，"进动"这个现象会对前面说的那些情况周期性地产生影响。大概每1.3 万年，地球的南北半球就会交替着面向太阳经过近日点。同样，这种在两个半球交替出现的气候差，不会让任何一个半球一下降温降得很厉害。要是现在说"我们可以，但实际上并没有，在纽约市进入冰川时代"，那么再过 1.3 万年，对布宜诺斯艾利斯市也能这么说。

除了普通的"进动"，还有其他行星的作用所引起地球的其他摄动，木星的作用尤为明显，由于它巨大的质量，木星对太阳系中每颗较小的行星几乎都有影响。对于这些摄动的研究是天体力学这门学科中的主要课题，通过从古到今许许多多数学家的努力达到了最大的精确度。

从天体力学里可以知道，地球自转轴朝着轨道平面的倾斜度（轨道不会被普通进动影响）是周期性变化的，周期大概是 4 万年（图 6-14b）。夏天和冬天这两个季节就是因为这种倾斜才形成的（对比图 6-13 就能明白）。所以我们能推断出：倾斜度变大的时候，两个半球的温差就会更大，夏天就更热，冬天就更冷。相反，要是地球自转轴变直立了，两个半球的气候就会较为统一。要是自转轴和轨道平面垂直了，那四季的差别就完全消失了。

地球公转的轨道并不是永远固定不变的。地球慢悠悠地绕着太阳转，随着时间推移，轨道的形状会变，偏心率会慢慢降低（图 6-14c 和图 6-14d）。这两种变化都有周期性，不过周期在 6 万到 12 万年之间变动。要得到这些变化的准确数据，就得靠天体力学里那些复杂的计算。幸运的是天体力学能把地球轨道过去 100 万年的变化情况都推算出来，误差还不超过 10%，是不是很神奇？

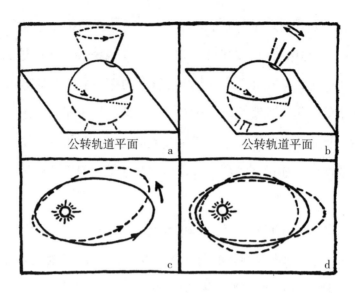

a.自转轴的进动；b.轨道倾角的变化；c.地球轨道的进动；d.轨道偏心率的变化。

图 6-14　地球运动要素的变化
（图中所有变化均被大幅夸张表示）

"进动"这一名称是由喜帕恰斯在公元前 125 年提出的，他注意到"春分点"（即黄道与天赤道在天球上相交的点）正在缓慢地"前行"，以迎接太阳。

地球轨道偏心率的周期性变化对两个半球的气候条件至关重要。在轨道高度拉长的时期，地球在经过其轨迹最远点时离太阳最远，此时两个半球接收到的热量异常低。根据精确计算，比如 18 万年前地球轨道的偏心率是现在的 2 倍，由此推断，当时北半球和南半球之间的温差在 16 ～ 18 ℉之间。

虽说这些原因单个拎出来，对温度变化的影响可能不太起眼，但要是在地球历史的某个阶段，它们都作用于同一个方向，那产生的叠加效果可就不得了。想象一下，轨道偏心率极大，自转轴倾角又特别小，地球还正经过那拉长椭圆轨道的最远点，这时候要是某个半球正好是夏天，那它能接收到的热量简直少得让人吃惊。

此外，轨道偏心率较小，加上自转轴倾斜方向相反，必然导致该半球的气候条件相当温和。

南斯拉夫地球物理学家 M. 米兰科维奇利用天体力学方法获得的地球运动要素数据，绘制了一张图表，展示了这些纯粹天文因素导致的北半球和南半球气候变化。他的一条曲线（针对北半球）展示了在过去 65 万年的夏季，北纬 65° 地区接收到的太阳热量（图 6-15）。这条曲线表明，上述 3 个因素的单向作用必定发生在公元前 25000 年、公元前 70000 年、公元前 115000 年、公元前 190000 年、公元前 230000 年、公元前 425000 年、公元前 475000 年、公元前 550000 年和公元前 590000 年。将这条理论曲线与地质学家通过实证获得的曲线（表示过去冰川的最大扩展范围，由冰川沉积物确定）进行比较，我们发现两者的一致性甚至超出了预期。这表明，地球轨道和自转轴的变化必定在冰川期起到了重要作用。对于南半球，也可以获得类似的结果，但由于我们对南半球冰川拓展的了解相对较少，因此理论与观测结果并没有那么精确。

很容易就能看出，冰川扩展可不是一次性的，而是发生了许多次，它们就像一个个小士兵，各自为战又相互关联。地质上将冰川期划分为 4 个或 5 个时期，是因为这些单独的冰川推进总是以 2 个或 3 个紧密相连的群组形式出现。

我们必须再次提醒读者，由纯粹天文因素引起的先前更寒冷气候的周期性更替，在我们星球的整个地质历史中，一直以不到 10 万年的间隔发生着。然而，只有在地球演化的山地形成阶段，条件才足够有利，使得每一次连续的寒冷期都能形成广泛的冰川。由于我们现在正生活在地球演化中的一个山地形成期之中，已经有许多高山耸立，而且可能还有更多高山即将形成，因此我们应当预料到，大约1万年前消退的冰川将会再次回归，并且这种周期性的前进和后退将持续发生，只要北半球还有山脉。只有当"我们这一轮"地壳运动所形成的所有高地，在数百万年后最终被雨水冲刷殆尽时，冰川才会从地球表面完全消失，气候才会变得更加温和且均匀，而地球轨道的变化和自转轴的倾斜只会导致不同地区年平均气温的相对微小变化。而再过一两亿年，新的地壳运动和新的周期性冰川作用又将开始。

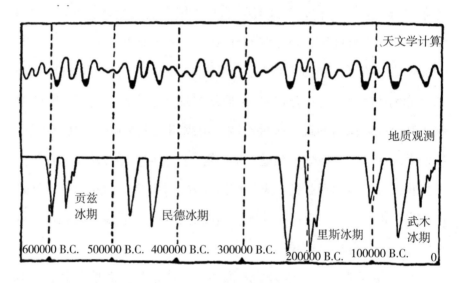

图 6-15　北纬 65°地区夏季温度的变化

(根据米兰科维奇的理论，图中展示了根据地质数据推断出的不同冰川时期，括号中的名称是发现和研究由不同冰川推进所形成的沉积物的河谷名称)

第七章
我们头顶的空间

平 流 层

如前一章所述，低层大气（对流层）延伸至约 6 英里的高度，包含了全部空气的 4/5 左右，与地球表面不断相互作用。它通过从海洋表面和湿润地面上升的对流气流接收热量和水分，并反过来通过其中产生的风、云、雨和雪影响地球上的生命。

对流层的顶部再往上就是平流层。平流层里全是干燥的空气，它能一直延伸到地表大约 50 英里高的地方。对飞机的驾驶员和乘客来说，在平流层里飞行，旅途平稳又舒服。但在科学家眼里，平流层就有点无趣，因为这里几乎没什么特别的事会发生。它离地表太远，地表对它没什么影响力，可它又没高到能被太阳短波辐射影响的程度，那些短波辐射，得在海拔更高的地方才会被吸收。

在那平静的平流层里，偶尔会有不速之客闯入，那就是陨石。不过大多数是些质量还不到 1 盎司 ① 的小颗粒。它们以每秒 20 英里甚至更快的速度在平流层里横冲直撞，空气产生的阻力把它们加热得滚

---

① 1 盎司约等于 28.35 克。

烫，接着就燃烧、熔化，在天空中划下一道亮闪闪的长尾巴。燃烧后的固体产物变成了薄薄的灰尘，能在平流层里飘好几个月，然后慢悠悠地往对流层沉降。一到对流层，就和从地面升上来的灰尘颗粒混在一起，就像给雨滴凝结加了个催化剂。有人发现，一场猛烈的流星雨过后的几个月，全球范围内的降水量都会明显增多。

1883 年，喀拉喀特火山大爆发。那动静极大，火山灰像烟雾一样被喷到了平流层那么高，这些细火山灰在平流层里晃悠了很多年才落回地面。它们飘在高高的天上，被阳光照亮。太阳都下山很久了，还能看见它们，就像那种薄薄的、闪着银光的普通卷云。这些火山灰粒子在平流层里到处扩散，把 5% ～ 10% 的太阳辐射都给反射回去了，结果地球的平均温度连续好几年都比以前低了大约 10 ℉。现在，平流层里又多了些新东西，是原子弹和氢弹试验产生的裂变产物粒子。这些粒子也在平流层里飘荡，很多年都落不下来，就那么慢悠悠地往下降。

电 离 层

在 50 英里以上的高度，我们进入了空气极度稀薄的区域，这里的空气密度比地球表面附近的空气稀薄了许多。这个区域所含的大气总量仅占大气总量的极小一部分，不足 1/100，但它却扮演着极其重要的角色，是大气层与外太空之间的边界。这一层空气阻挡了来自太阳的紫外线辐射，防止其对地球表面繁荣的生命造成致命伤害。然而，当它们保护我们免受外来紫外线辐射的同时，电离层中的空气分子自身却因此遭受了巨大损伤。众所周知，原子由原子核与围绕其旋转的电子群组成。可见光射线仅影响原子内电子的运动，而原子的基本结构保持完好无损，但紫外线辐射会撕脱一些电子，使它们以高速穿越空间。由于电子带有负电荷，因此失去一个或多个电子的原子会带有正电荷。当空气中包含正离子和负离子，而非电中性粒子时，空气被电离了。由于这些高度的空气极度稀薄，其粒子之间发生碰撞的可能性很小，因此被撕脱的电子会在很长时间内自由移动，直到它们遇到并被一些正离子捕获，从而再次形成电中性粒子。在电离气体中，带正电和带负电的粒子可以自由移动，气体变成了极好的导电体，即使是最轻微的刺激，也会导致其中流过强大的电流。

良导体具有反射或者吸收电磁波的性质，遇到电磁波时，要么把它反射回去，要么就把它一口"吞掉"。比如可见光，它是短电磁波，碰上玻璃（电绝缘体）的时候，轻轻松松就穿过去了。可要是遇到金属表面（导体），有部分可见光被毫不客气地弹回来，剩下的就被金属给"吸收消化"了。再打个比方，装了天线的无线电接收器在木屋或者石头房里能欢快地工作，可一到汽车里就接收不到信号了。因为汽车大多都被金属外壳严严实实地包裹着，就像给信号设了一道坚固的金属城墙，把那些无线电波都给拦住了。

这么看来，地球周围的电离层就好似广播电台发射无线电波时的"魔法反射镜"与"电波小海绵"，要是电离层没这功能，那地球上远距离的无线电交流可就成了泡影，根本没法实现。因为发射台发出的无线电波不会乖乖地沿着地面水平方向跑到远处的接收站，而是会笔直地冲向宇宙空间，消失得无影无踪。1901 年，马可尼在欧洲和美国之间成功搭建起无线通信系统，这让全世界十分震惊。其实，无线电通信能顺利进行，是因为电波被巧妙地困在了地表和电离层这两个导电层之间。它们就像被困在一个无形的电波赛道里，通过一连串不间断的反射，顺着地球弯弯的表面欢快地奔向更远更辽阔的地方，把信息传递到世界的各个角落。

下面来聊聊电离层里的温度情况。之前提到过，对流层的温度在海拔 6 英里处，就像坐滑梯一样，一路下降到约 – 100 ℉，然后穿过整个平流层，一直到海拔 50 英里的高度，温度都没什么大变化。可要是高度再往上升，神奇的事情就发生了，气温居然开始升高。到了 80 英里的高度，气温就回升到咱们平常室内的温度。再往上到 100 英里的高度，气温都达到沸水的温度了。等攀升到 150 英里的高度，就和熔融的铅的温度一样。为什么高海拔的地方温度会像火箭一样飙升？原因就是太阳紫外线的辐射。

当紫外线从空气分子中撕脱电子时，这些电子和由此产生的正离子都会获得非常高的速度，根据热力学的动能理论，这意味着它们具有非常高的温度。然而，人们不应认为在这样的高空会被活活烤死。尽管那里的空气分子的速度与其在地球表面这些高温下的速度相当，但空气的密度极低，以至于其传递热量的能力几乎可以忽略不计。在地面上的温暖或凉爽房间里，我们皮肤的每平方英寸每秒大约会受到 10^{27} 次分子撞击，如此大量的撞击会迅速加热我们的身体。在 150 英里的高空，这种碰撞的次数仅为数十亿分之一，因此通过传导流入的热量也相应地减少。尽管该高度的空气温度等于铅的熔点，但人在那里会被冻死，原因很简单，即身体通过热辐射失去的热量远远超过空气传导所提供的热量。

从太阳而来的粒子

有一首诗曾写道："就连太阳都有斑点。"这仿佛在暗示，除了那些斑点，太阳表面应该是风平浪静、光滑如镜的。可这与事实相差甚远！借助超厉害的大型望远镜，还有在高层大气中的火箭所携带的照相机拍摄的照片，我们看到的太阳表面就像一座活火山里沸腾不止的岩浆。它就像个暴脾气，正以超级激烈、无比狂暴的方式打着旋涡，还不停地往外喷射。太阳内部汹涌而出的炙热气流，让局部亮度跟坐过山车似的快速波动，这些气流又钻回表面之下，这使得太阳看起来好似一张由光与影交织而成的精美大网，这样的表面被叫作"颗粒化"（图7-1）。时不时还有那炙热气体形成的巨大火舌冲出太阳表面，这些火舌巨大且明亮，能一下子冲到太阳表面数千英里的高空，这就是大名鼎鼎的"耀斑"。在日食的时候，太阳那明亮的表面被月亮严严实实地挡住了，这时候我们就能看见这些耀斑的轮廓，就像一根根伸向太空的巨大火舌。在古代，只有日食的时候，人们才有机会看见这种超级耀眼的喷射景象，所以天文学家们为了研究它们，不惜跑到地球的各个偏远角落。如今可不一样，多亏有了日冕仪这个神

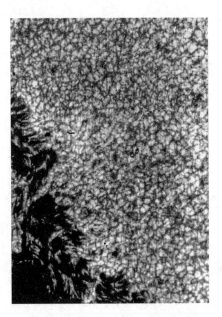

图7-1　太阳表面米粒组织
（类似于地球大气中的积云，但温度要高得多；照片由射入平流层的火箭拍摄）

器，不管什么时候（当然得是白天），也不管在哪个观测点，都能轻轻松松观测到耀斑。日冕仪的设计可太有创意了，它能巧妙地把太阳明亮的光斑人为地遮掉，让我们能更好地研究耀斑。

太阳表面大量喷发的炽热气体通常与太阳黑子有关。太阳黑子是那些看起来较暗的区域，它们似乎是巨大的炽热气体旋涡，可能与地球大气中的气旋和飓风相似。这种相似性因以下事实而得到加强：正如前一章所述的大气旋涡一样，太阳黑子也仅分布在太阳赤道两侧的中纬度地区。关于太阳黑子的一个未解之谜是，它们的数量在时间上呈现明显的周期性，周期为 11 年多一点。图 7-2 展示了两个多世纪以来观测到的太阳黑子数量记录；最近一次最大值出现在 1958 年，目前太阳黑子数量正在减少。这些黑子数量的周期性增减必然与太阳可见表面以下发生的事件有关，但尚无人知晓其具体机制。与太阳黑子相关的耀斑和日珥的数量和强度也呈现类似的周期性。

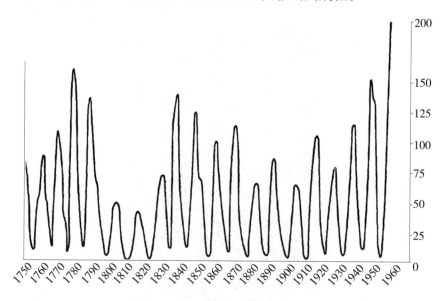

图 7-2　1750—1960 年太阳黑子数量的周期性变化
（根据苏黎世天文台的记录绘制而成）

　　大约 50 年前，美国天文学家乔治·E.海尔发现了有关太阳黑子的一项重要成果。通过分析来自太阳黑子的光线，他发现了这些区域存在非常强的磁场的证据。分光仪将太阳光分解成一条长长的彩虹色带状物，上面有许多黑色的细线在多处交叉。这些被称为夫琅禾费谱线的线条，是因太阳大气中存在的化学元素对特定波长的光进行吸收而形成的，对它们的研究为我们提供了关于太阳和其他恒星化学成分的宝贵信息。1896 年，荷兰物理学家彼得·塞曼发现，如果将地球上的光源（如气体火焰）置于磁铁的两极之间，那么每一条谱线都会分裂成几个双组分，且组分之间的距离与磁场的强度成正比。因此，通过观察遥远光源发射的光谱中的塞曼效应，我们或许能够检测并测量其发源地存在的磁场。海尔发现，来自太阳黑子的光谱中的夫琅禾费谱线显示出非常强烈的塞曼分裂，这表明存在比地球磁场强数千倍的磁场。

　　太阳耀斑是太阳大气局部区域发生的最剧烈的爆炸现象之一。它在短时间内释放出大量能量，导致局部区域瞬间加热，向外发射各种电磁辐射，并伴随着粒子辐射的突然增强；而日珥则是在日全食时，环绕太阳的红色环圈上舞动的一抹明亮红色的火焰。

　　这些磁场的存在，加上太阳大气中原子因极高温度而分裂成正离子和负离子，使太阳黑子中的气体物质运动变得如同狂野的塔兰泰拉舞。众所周知，带电粒子在磁场中运动会被迫沿着磁力线螺旋前进，而磁力线也会因气体中流动的电流及气体质量本身的运动而发生弯曲和扭曲。因此，在形成太阳黑子的炽热气体旋涡中，电磁力和流体动力之间持续相互作用，使得整个现象极其复杂。日珥的照片上显示的炽热气流形状强烈表明，运动是沿着由形成旋涡的螺旋电流所引起的磁力线进行的，而要说清楚何种因素导致了何种现象，以及通过何种方式实现，则是非常困难的。

有一件事是可以确定的：太阳黑子及其相关的耀斑是剧烈电磁活动的源头，这种活动可以在行星际距离上被探测到。实际上，雷达——这一在第二次世界大战期间专为军事目的而开发的设备——所取得的首批科学成就之一，就是发现了"太阳噪声"，即从太阳表面发出的短波无线电波。太阳向周围空间发射的电磁波的强度与其表面活动密切相关，每一次新的明亮耀斑的出现，都会伴随着无线电望远镜接收到的太阳噪声的即时增强。更准确地说，不是即时增强，而是8分钟后增强，因为所有电磁波（包括光波）从太阳传播到地球所需的时间就是8分钟。

太阳表面大部分物质是氢，原子就像一个个小积木，可以拆分成质子和电子。在变化极快的磁场影响下，这些粒子就像在我们核实验室里的粒子加速器（也叫"原子粉碎机"）中一样，被飞快地加速。只不过粒子加速器是科学家们精心打造的，粒子怎么加速都能提前计算准确，可太阳这个"粒子加速器"到底是如何工作的，还是个大谜团。实际情况是，超猛的质子流和电子流会以超快速度从太阳表面冲向太空。在太阳黑子最活跃的时候，这些粒子带到地球的能量能达到太阳光总能量的 10%。从太阳到达地球的质子数量多得吓人，每平方厘米每秒差不多有 10 亿个质子！要是在地球漫长的地质历史里，所有从太阳来的质子都和地球上的原始氧气结合，那产生的水，能让海平面升高大概 50 英尺。

当极其猛烈的耀斑如同一束超级强光，猛地喷射到远超太阳表面的高空时，强大无比的高能质子流与高能电子流就会朝着地球的方向发射出去。这里面速度最快的粒子流简直像闪电一样，短短几个小时就能到达地球，而那些稍慢些的粒子流则要在宇宙中跋涉一两天的时间。这些粒子流可不容易，它们先是受到太阳黑子里超强磁场的影响，然后又被地球磁场干扰。地球的磁力线就像一条条神奇的轨道，从磁场南极出发，沿着地球这个大球体画出一道道弧线，最后在加拿大北部布西亚半岛的地理北极汇聚到一起。如前所述，带电粒子只要碰到磁场，就只能沿着磁力线像螺丝钉一样螺旋着前进，即顺着磁力线的方向移动。

看一眼围绕地球的磁场示意图（图7-3）就会发现，原本从太阳一路平行射向地球的粒子束，在地球磁场的作用下会向北极和南极偏转，并在北极和南极地区进入大气层。其中速度最快的粒子大量穿透至电离层底部，大大增加了通常由太阳紫外线维持的电离层的电离程度。这些区域的空气的导电性变得更强，不再反射无线电波，而是开始吸收它们。这就导致了无线电通信中断：广播电台发出的电磁波在与电离层首次接触时几乎被完全吸收，没有任何信号反射回地面。地球表面的长距离无线电通信因此会受到数小时或数天的完全干扰，直到电离层恢复到正常状态。

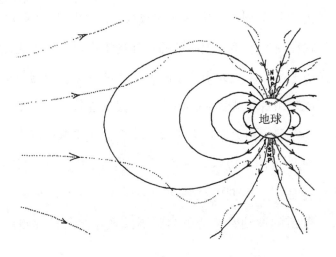

图7-3　从太阳而来的带电粒子在地磁场中的运动
（实线代表地磁场，点线代表粒子的轨迹）

当电离层的电力情况发生改变时，里面就会有超强劲的电流开始涌动。这么一来，新产生的电磁场就会和地球内部那熔融状态下的电流所引发的常规磁场叠加在一起。这时候，指南针就完全失去了方向感，每过一分钟，指针就指向一个新的方向，这便是可怕的电磁风暴。

从太阳跑过来的带电粒子群可不光会捣乱，还能制造一场超级绚丽的视觉大秀！这个漂亮的现象就是大家都听说过的北极光，也叫极光。就像电子在普通的荧光灯或者广告霓虹灯的灯管里跑来跑去，会让灯管里稀有气体的原子发出特别的光一样，电离层里那些稀薄的空气，在太阳带电粒子束穿过的时候，也会闪闪发光。这时候，天空中就像挂起了长长的幕帘，闪着绿绿的或者红红的光，就在我们头顶晃悠。这些幕帘还会跟着入射粒子束和电离层空气一起运动。科学家对极光进行光谱分析后，发现里面有 3 种元素——氮、氧和氢。氮和氧就是我们空气里的主要成员，那氢原子是从哪儿来的？其实是从太阳跑到地球的质子变成的。

说到太阳黑子，我们曾提到过一个有趣但尚未解释清楚的现象，即太阳黑子的数量会周期性地增加和减少，平均周期约为 11 年。这种周期性反映在所有依赖太阳活动的地球现象中。磁暴、无线电通信中断和极光的发生频率与太阳黑子的数量步调一致。自哈得逊湾公司成立以来，该公司每年从猎人手中购买的银狐皮数量与太阳黑子的数量之间存在着完美的相关性：太阳黑子越多，成交量就越大。这种令人惊讶的相关性可能可以这样解释：在漫长的极夜中，明亮的极光帮助猎人捕捉狐狸。人们曾试图在太阳黑子的周期性与如春天欧椋鸟的到来、股市的波动及社会革命等不同现象之间建立更多神秘的联系。

磁气圈（新概念）

在好几千英里的高空，即人造卫星运行之处。那里连一丝空气都没有，人造卫星就像一个个小小的月球，在这真空中慢悠悠地飞行着。但别以为地球的影响力到这儿就没了。实际上，这几年科学家发现，地球就像个大魔法师，通过地磁场把周围的真空都掌控在手里，这个范围可比我们平常说的地球大气边界要大得多。那这些高海拔地方的信息是怎么来的？原来是通过在地表上万英里处的空间探测火箭获取的，这些火箭上装着粒子计数器，它们就像一个个小侦探，把那里的情况记录下来。这里面大部分的数据，都是爱荷华大学的詹姆斯·范·艾伦教授带着美国的科学家小组辛辛苦苦收集来的。

"先锋三号"（1958 年 12 月 6 日发射）本应飞抵月球，但最终未能达成目标，在飞升至超过 65000 英里（地球半径的 16 倍）的太空后坠落回地球。不过，该火箭携带的粒子计数器所获得的数据被传回地球，为人类提供了意想不到的信息：火箭在上升和下降过程中都穿过了两个极高能辐射强度的区域。第一个辐射强度最大值出现在地面以上 2000 英里（约为地球半径的 1/2）处；第二个辐射强度更大，出现在大约 10000 英里（地球半径的 2.5 倍）处。这些区域的辐射强度可能高达每小时 100 伦琴，伦琴是衡量高能辐射量的标准单位。对人类而言致命的辐射剂量约为 800 伦琴，即便远低于此的剂量也会对生殖系统造成不可逆转的损害，并导致暴露者的后代出现许多有害突变。地球周围存在这些高辐射强度区域，给未来飞离地球访问月球和太阳系行星的宇航员造成严重的困难。

要是单从科学角度去看，范·艾伦辐射带的作用非常大，它有助于我们理解地球和太阳之间的电磁关系。如前所述，从太阳黑子中产生并来到地球的高能质子和电子，会受到地磁场的影响，被偏转到两极地区，大部分就从南极和北极进入大气层中。现在，人们发现除了让这些带电粒子束发生偏转，地球磁场还存在一种机制，把这些粒子暂时"抓"在大气层最外侧界限以外更高的地方。这背后存在十分复杂的数学计算，经过计算就能知道，粒子的螺旋形轨道在磁力线汇聚点那儿会反过来，这样一来，粒子就会在这两个汇聚点之间不停地来回移动。而且，在这条轨道里，质子会慢慢地绕着地球往西边飘移，电子则会慢慢地朝东边漂移，这么一来，就形成了环绕着地球的环形辐射带。这些辐射带暂定模样如图 7-4 所示。大家可以留意一下最强烈的外侧辐射带，在北极和南极那儿呈现"犄角"的形状，这两个

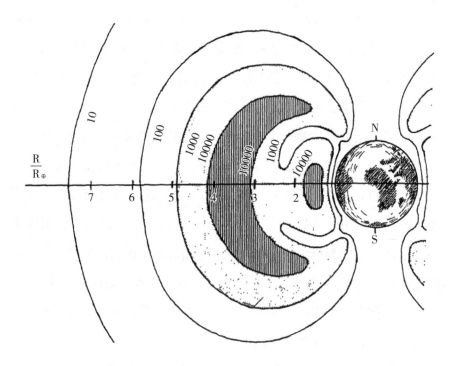

图 7-4　范艾伦辐射带

（图中的距离标度是以地球半径 R 为一个单位长度的，而辐射强度的绘制取了一个任意单位；1962 年下半年的研究对这些发现稍微做了点修改）

地方离地表是最近的，而且正好就在平常能看到极光现象的区域的上方。很有可能，范·艾伦带捕获的部分粒子就是从这些"犄角"的地方偷偷跑出来，然后穿透进电离层，从而产生了极光现象。

虽然近几年的那些最新发现，让地球空间环境的模样变得越来越清楚，可要是想把它完完全全地弄明白，人类要做的工作还有很多。

第八章
生命的本质和起源

生命的基本理论

人类、猫、金丝雀、犀牛、玫瑰丛和棕榈树这类生命体都是由数以亿计的生命单位组成的，这些生命单位叫作细胞。就像人类社会中有从事不同职业的人，比如农民、音乐家、警察、木匠、科学家、水管工、护士等，构成生物体的细胞也有许多不同的功能。在动物和植物细胞的众多类型中，有的细胞负责消化食物，它们是黏附在肠道内壁的消化细胞；有的细胞负责运动，它们是肌肉细胞；有的细胞负责传递信息，它们是神经细胞；有的细胞负责从土壤中吸收水分和盐分，它们是根细胞；有的细胞负责从空气中吸收二氧化碳，它们是绿叶细胞；最重要的是，有的细胞负责繁殖，确保物种的生存，它们是生殖细胞。

还有一些更简单的细胞群体，里面的细胞没有特别的分工，比如珊瑚虫和海绵就是这样。最后，还有一些喜欢单独生活的"隐士"细胞，比如变形虫、绿藻和各种各样的细菌。

不过，不管是属于高度有序的群体的细胞，还是独自生活的细胞，它们都有相同的基本特征。它们都有一小团像果冻一样软软的胶状物质，我们称之为"细胞质"，它里面还包含着一团更小的物质，叫作细胞核。

如果我们把一个细胞比作一个生产各种化学物质的工厂，这些化学物质是生物体的维持和发展所需的，那么细胞核就像工厂总经理的办公室，负责发出指令，告诉细胞应该生产什么，以及如何生产。细胞核里有长长的细线，我们称之为染色体（图8-1），它们就像厂长办公室里的文件柜，包含了所有的生产计划和设计图。当一个细胞准备分裂时，它的每一条染色体都会纵向分裂成两条一模一样的细线。这些细线中的一条会被拉到细胞的一端，而另一条则被拉到另一端。在这两半之间会生成细胞壁，然后母细胞就会整齐地分成两个子细胞，它们的细胞核携带的信息和母细胞一样，决定了它们在生命中的任务。

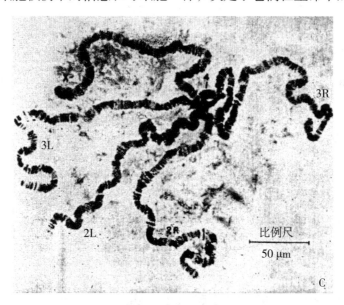

图 8-1　果蝇雌性幼虫染色体的显微镜照片

在我们把细胞比作工厂的例子中，细胞的主要部分，也就是细胞质，可以比作机器和工人，它们根据工厂总经理办公室的指示来执行生产任务。细胞质里含有一种叫作"酶"的复杂化学物质，它们执行着许多不同的任务，对生物体的生存和发展至关重要。有些酶的作用是把食物分解成更简单的单元，这样就可以用它们来建造生物体必需的新物质；还有些酶的任务是从食物中提取能量，并储存起来，直到需要用它来进行运动和其他多种多样的生物活动；还有一些酶能够从分解的食物碎片中合成一些必需的物质，比如用来喂养后代的乳汁、视觉必需的紫色色素，或者用于头发和皮肤着色的深色色素。有成千上万种不同的酶控制着活的有机体的活动与发展。

在过去的几十年里，科学家越来越接近于在"分子层面"上理解生命。也就是说，他们开始根据构成生物体的各种复杂化学分子的结构来解释各种生物现象。无机物质的分子结构通常非常简单。比如，水分子由 2 个氢原子和 1 个氧原子组成；食盐分子由 1 个钠原子和 1 个氯原子组成；石英分子由 1 个硅原子和 2 个氧原子组成。而在生物体结构中起主要作用的分子则要复杂得多，它们由数以百万计的单个原子组成。但是，研究这些复杂分子相对容易的原因是，它们可以看作是由一些非常简单的单元组成的长序列，这使得每个特定分子都有不同的特点。结果发现，有两种不同的、特别大的有机分子：一种是蛋白质（除了骨头、脂肪等），它是所有活的有机体的主要组成部分；另一种是核酸（一个人体内大约有一茶匙的核酸），它构成染色体，负责传递生物体的遗传特征。

蛋 白 质

让我们从蛋白质讲起，这种物质自 21 世纪初以来就一直是生物化学研究的重点。如果我们用电子显微镜（比光学显微镜放大倍数更高）观察蛋白质分子，就会看到长长的细线，看起来这些细线内部没有什么结构。但化学研究表明，这些细线是由许多相对简单的分子——"氨基酸"按序列组成的。基于化学分析，我们可以构建蛋白质分子的精确模型（图 8-2）。有 20 种不同的氨基酸参与了各种蛋白质分子的构成，这些氨基酸在序列中的排列顺序决定了蛋白质的功能。这有点像一本食谱，里面包含了很多不同的做法：如何做煎蛋卷、樱桃馅饼、蛤蜊浓汤、肉饼等。每个食谱里的字母都差不多，唯一不同的是这些字母排列成单词和句子的顺序。当生物学家弄清楚不同蛋白质分子中氨基酸的排列顺序时，他们发现，顺序上的一点小变

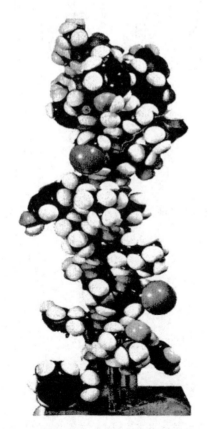

图 8-2　蛋白质分子的模型
（哥伦比亚大学芭芭拉·罗博士提供）

化就会导致蛋白质的功能完全不同（图8-3）。比如，所有哺乳动物都有分泌两种激素到血液中的腺体，这两种激素叫"催产素"和"加压素"，它们都是由9个氨基酸组成的蛋白质分子，唯一的区别是第三个和第八个氨基酸不同（图8-4）。然而，尽管只有这么小的差异，这两种蛋白质分子对它们所在生物体的作用却完全不同。催产素分泌到孕妇的血液中，会刺激乳腺产生乳汁，并引起子宫收缩，帮助胎儿出生；而加压素则会使血管收缩，导致血压升高。所以，就像自然界的"食谱"中的9个"字母"改变其中两个，结果就大不一样了！

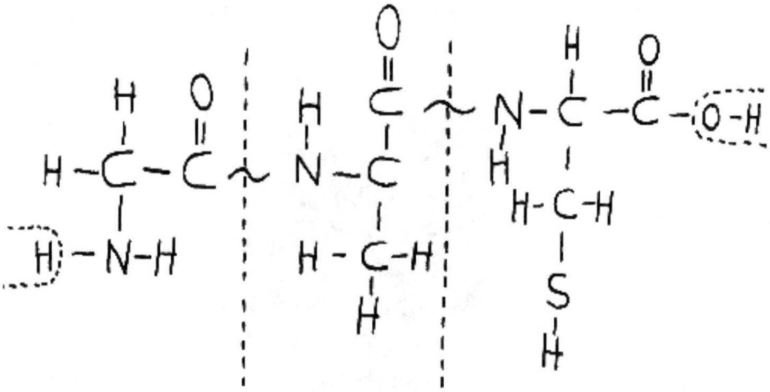

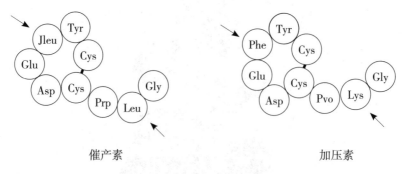

甘氨酸　　　　　　　丙氨酸　　　　　　半胱氨酸

图8-3　三种氨基酸（甘氨酸、丙氨酸和半胱氨酸）在蛋白质分子长链中的排列

催产素　　　　　　　　　　　　加压素

图8-4　两种简单蛋白质的结构式
（文森特·杜·维格诺德推导出该结构式；这两种蛋白质只有两个氨基酸不同）

　　胰岛素是一种稍微复杂一些的蛋白质分子（由 51 个氨基酸单元组成，并按一个有点复杂的环状序列排列，见图 8-5）。胰岛素有一个非常重要的作用，那就是从生物体摄入的糖分中提取能量，并将其储存起来，以备不时之需。为了完成这项任务，胰岛素分子的结构必须和图 8-5 展示的完全一致。如果胰岛素生成腺体出了差错，导致氨基酸的顺序不正确，那么这些有缺陷的胰岛素分子就无法正常工作，而那个不幸的生物体（无论是人还是动物）就会成为糖尿病患者。

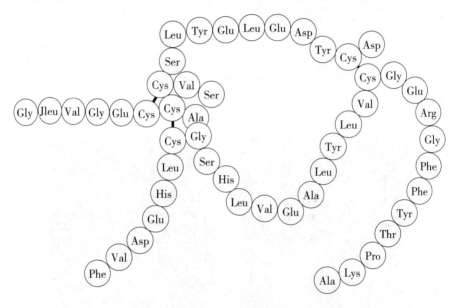

图 8-5　胰岛素的结构式

（弗雷德里克·桑格推导出该结构式；它由两条相对的序列构成，一条有 21 个氨基酸，另一条有 30 个氨基酸，胱氨酸对之间的黑色短线是硫键，这些硫键让蛋白质有了独特的形状）

　　我们举的这几个例子是为了说明一个事实：生物体的所有生命活动都是由构成它的蛋白质分子的微观化学结构来调控的。就像菜谱上的一个印刷错误可能会导致烹饪者做出一道难以下咽的菜一样，蛋白质结构中的错误也可能导致生物体生病甚至死亡。

核　　酸

正如我们所说，核酸分子在生物体中只占很小的一部分，人体里只有一茶匙那么多。但是，尽管数量极少，这些分子在生命中却起着极其重要的作用。它们负责携带和传播有机生物体的所有遗传信息。婴儿长成大人，小狗发育成犬，苹果籽长成苹果树……它们之间的区别是因为这些物种的细胞核内核酸分子有所不同。通过电子显微镜可以看到，和蛋白质分子一样，核酸分子也是比蛋白质稍粗一些的长链（图 8-6），但它们的结构完全不同。核酸不是像蛋白质那样由 20 种不同的单元组成，而是仅由 4 种不同的单元组成，这些单元被称为核苷酸（图 8-7）。

图 8-6　DNA 分子的显微镜照片

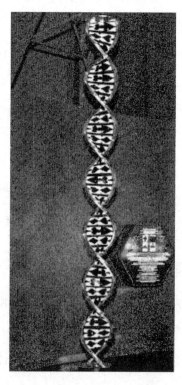

图 8-7　DNA 分子的模型

细胞核里有一种叫"脱氧核糖核酸（DNA）"的核酸，它由4种核苷酸组成，排列成双螺旋结构，这4种核苷酸分别是腺嘌呤、鸟嘌呤、胞嘧啶和胸腺嘧啶。在细胞核外的细胞质里，有一种单链的"核糖核酸分子（RNA）"，它也包含前面3种核苷酸。但不同的是，RNA里的第四种核苷酸不是胸腺嘧啶，而是尿嘧啶。

如果我们把4种核苷酸比作扑克牌里的4种花色，分别是红桃、方块、黑桃和梅花，讨论起来就简单多了。在第一串核苷酸序列里，这些核苷酸可以随意排列，比如◆♥♠♥♣♦♥♠等。它们排列的顺序决定了这个生物的种类。而第二串核苷酸序列与第一串是配套的，完全由第一串决定。具体来说，红桃总是和梅花配对，黑桃总是和方块配对。所以，在我们举的例子中，这两串序列是这样的：

◆♥♠♥♣♦ 等。

♠♣♦♣♥♠ 等。

这4种核苷酸都是由碳、氮、氧、氢和磷原子组成的相对简单的化学分子。近年来，生物化学家已经能够弄清这5种原子是如何组合在一起的。图8-8展示了一段双螺旋核酸分子的结构式。虽然它看起来有点复杂，但实际上这个分子很简单，它是由各种不同的核苷酸对重复排列组成的，我们在前文中已经用扑克牌的花色对来表示这些核苷酸对了。而且，正如前面提到的，这些核苷酸对的排列顺序完全决定了它所属生物体的所有特性。

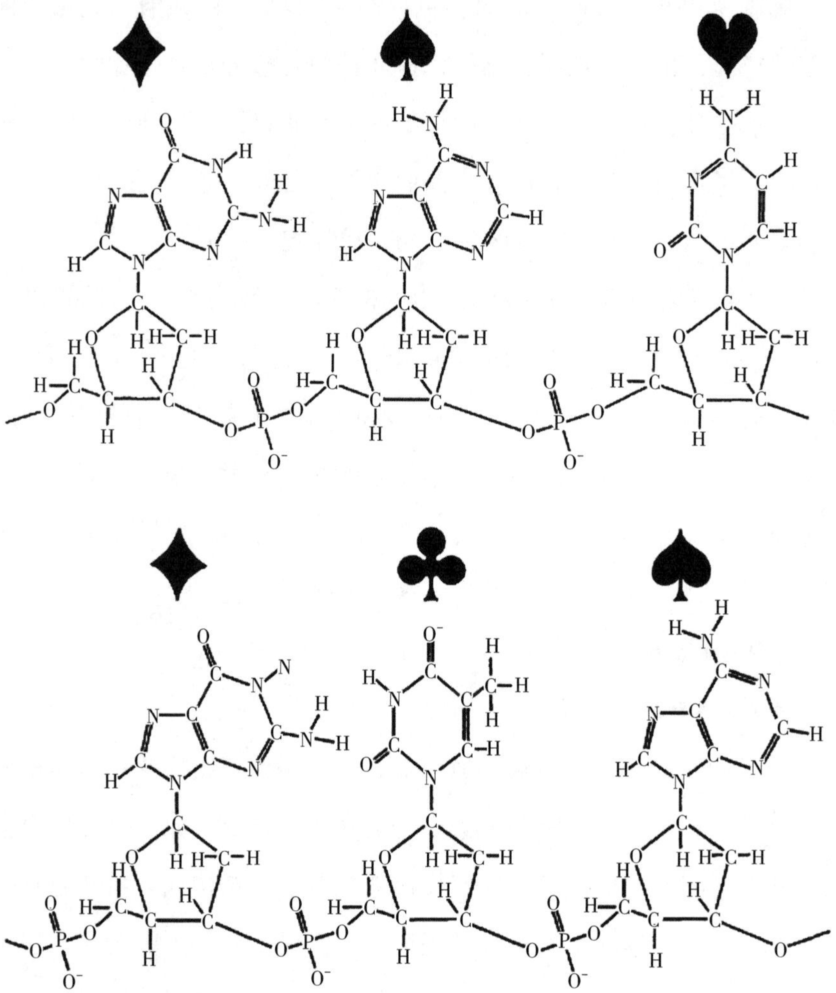

图 8-8　由 4 种核苷酸组成的一个糖分子主链
（黑桃代表含有腺嘌呤的核苷酸，红桃代表含有胞嘧啶的核苷酸，方块代表含有鸟嘌呤的核苷酸，梅花代表含有胸腺嘧啶的核苷酸）

　　DNA 分子的双螺旋结构对于细胞分裂和物种繁衍至关重要。在细胞分裂成 2 个之前，其细胞核中的每个 DNA 双螺旋分子都会纵向分裂成 2 条单链。接着，这 2 条单链会分别再生，通过捕获当时核液中大量存在的游离核苷酸来完成。由于红桃只能与方块结合，黑桃只能与梅花结合，所以再生出的 2 个 DNA 双链分子与原来的分子是完全一样的。完成这一过程后，这对新生成的分子会带着原始的遗传信息移动到细胞的两端。

蛋白质合成

正如之前提到的，核酸分子以一套代码的形式携带了关于某种生物特性的完整指令集，而蛋白质分子接收这些指令，并在生物合成生命所需的各种物质时使用它们。这是怎么做到的？虽然我们还不清楚这个复杂过程的全部细节，但我们可以总结出核酸分子中核苷酸的排列与蛋白质中氨基酸的排列之间的一些基本数学关系。再用我们的扑克牌打个比方，假设有一个简化的扑克游戏，只用 A 牌，每位玩家 3 张牌。那么，这样能得到多少种不同的牌组合？首先，可以拿到 3 张相同的牌，比如 3 张红桃 A、3 张方块 A 等，这样有 4 种可能。然后，可以拿到一对相同的牌和一张不同的牌，比如 2 张方块 A 和 1 张黑桃 A。因为选一对有 4 种可能，而第三张牌有 3 种选择，所以总共有 4×3=12 种可能。最后，还可以拿到 3 张完全不同的牌，不管哪张 A 不出现，都有 4 种可能。所以，总的组合数是 4+12+4=20，这恰好是参与蛋白质结构的不同氨基酸的个数。

根据这个扑克牌游戏，我们可以得出一个结论：在核酸分子中，每 3 个核苷酸组成一组，决定了一个蛋白质分子中的一个氨基酸。因为蛋白质是在细胞的细胞质中合成的，而细胞质里含有 RNA，所以不同的氨基酸分子可能对 RNA 分子中的 3 个核苷酸序列有特定的关联性，它们会按照这些序列的顺序排列在 RNA 分子旁边。通过这个确定的过程，一个特定生物体的细胞内合成的蛋白质，会严格按照细胞质中 RNA 分子携带的指令来形成。而这些 RNA 分子的结构，又是完全由细胞核中的 DNA 决定的。简单来说，DNA 告诉 RNA 怎么做，RNA 再告诉蛋白质怎么合成。

这个发生在活细胞中基本过程的方案，让研究这个领域的科学家得出了一个坚定的结论：生命所有的表现形式，至少在原则上，都可以归结为构成所有生物体复杂的核酸和蛋白质分子之间的化学反应。

1961 年，科学家们解开了蛋白质序列的最后一个谜团。由美国国家关节炎和代谢疾病研究所的马歇尔·M.尼伦伯格和 J. 亨利克·马太，以及纽约大学医学院的塞韦罗·奥乔亚和他的同事分别独立地发现了这个秘密。他们发现，如果使用一种由相同核苷酸组成的合成核酸，那么在蛋白质结构中就只有一种特定的氨基酸。比如，如果核酸分子完全由尿嘧啶（U）组成，那么产生的蛋白质就完全由苯丙氨酸（Phe）组成。

科学家通过研究，找到了不同的氨基酸和核苷酸三联体之间的关系，而核苷酸三联体是将氨基酸和核苷酸结合到蛋白质分子中所必需的。他们把这些发现做成了一个表格（表 8-1），其中 A 代表腺嘌呤，G 代表鸟嘌呤，C 代表胞嘧啶，U 代表尿嘧啶。表格里列出了每种氨基酸和对应的核苷酸三联体组合。

表 8-1　氨基酸和对应的核苷酸三联体

氨基酸	核苷酸三联体	氨基酸	核苷酸三联体
苯丙氨酸	UUU	异亮氨酸	UUA
丙氨酸	UCG	亮氨酸	UUC，UUG，UUA
精氨酸	UCG	赖氨酸	UAA
天冬氨酸	UAG	甲硫氨酸	UAG
天冬酰胺	UAA，UAC	脯氨酸	UCC
半胱氨酸	UUG	丝氨酸	UUC

续表

氨基酸	核苷酸三联体	氨基酸	核苷酸三联体
谷氨酸	UAG	苏氨酸	UAC，UCC
谷氨酰胺（预测）	UCG	色氨酸	UGG
甘氨酸	UGG	酪氨酸	UUA
组氨酸	UAC	缬氨酸	UUG

经过差不多 10 年的努力，科学家终于破解了 RNA 序列的密码，这个密码把细胞核里的遗传信息传递给细胞质中的酶。

最简单的生物

如果你想向一个不熟悉无线电原理的人解释无线电，带他去一个装满成千上万复杂电子设备的现代广播站可能不是个好的解答方式。更好的方法是给他一个简单的自制无线电套件，这个套件基于同样的原理制成，但要简单得多。同样，要理解生命的奥秘，一开始就研究像人类或高等动植物这样复杂的生物是不明智的。通过研究最简单的生命体，我们可以更好地理解生命的基本过程，因为这些生命体虽然简单，但它们也执行相同的基本生命活动，这样就没有复杂的组织结构给研究增加难度。

这些"最简单的生命体"就是大家所说的病毒。病毒非常小，即使用最好的光学显微镜也看不到它们。但是，使用更强大的电子显微镜，我们就有机会看到它们的形状并研究它们的特性。图 8-9 为一张烟草花叶病毒的照片，这种病毒威胁着成千上万亩的烟草种植园。

病毒和其他生物一样，是由核酸和蛋白质分子组成的。我们在电子显微镜下看到的是这些不讨人喜欢的微小生物的蛋白质外壳。决定病毒特性及它们会攻击哪种动物或植物的核酸分子，藏在病毒的体内。病毒攻击目标的方式，不管是对人还是对烟草植物，都是很简单的。它会附着在细胞的外壁上，把蛋白质外壳留在外面，然后把核酸注入细胞里面。接下来就是一场"大战"了！细胞染色体里的核酸会发出指令，让组成细胞的蛋白质继续像病毒入侵前一样工作，执行这个物种细胞应有的功能。而入侵的病毒核酸分子则想让细胞里的蛋白质改变它们的"忠诚"，开始制造新的病毒。如果入侵的病毒赢得了这场战斗，那么在细胞体内就会形成上百个新病毒，而这些新病毒是用原本用于正常细胞生长和复制的材料制成的。细胞壁会破裂，新形成的病毒会攻击邻近的细胞，造成更大的损害。

图 8-9　放大了 34800 倍的烟草花叶病毒的粒子
（G. 奥斯特博士和 W. M. 斯坦利博士拍摄）

虽然病毒可能不讨人喜欢，但它们对生物学家理解生命基本过程有很大帮助。1955 年，两位美国生物化学家海因茨·弗伦克尔·康拉特和罗布利·威廉姆斯在加利福尼亚大学的病毒研究所做了一个激动人心的试验（在一定限制条件下）。这个试验可以说是在一定程度上"人造"了一个生命体。他们用烟草花叶病毒做试验，用一种化学方法，把病毒内部的核酸和外部的蛋白质分开。这样，他们得到了一个试管里的核酸溶液和另一个试管里的蛋白质溶液。这两种物质的分子看起来虽然很复杂，但是就像从其他物质中提取出来的完全没有活性的分子。然而，当他们把这两种溶液混合在一起时，蛋白质分子开始围绕在核酸分子周围。不久之后，电子显微镜就显示出了典型的烟草花叶病毒。当这些"重新创造"的病毒被应用到烟草植物的叶子上时，它们开始繁殖，像什么都没发生过一样，整个植物很快就受到了花叶病的侵害。

当然，可能会有人对把这种实验称为"人造生命"提出两个疑问。第一，实验中用的核酸和蛋白质分子并不是由基本的化学元素合成的，而是通过分解活的病毒得到的；第二，病毒是最简单的生命形式，那制造一只小猫或者一个婴儿又会怎么样？对于这些问题，答案如下：首先，过去几年里，科学家在元素合成蛋白质和核酸方面已经取得了很大的进步，虽然我们现在还不能合成像病毒中的分子一样长的序列，但一定有可能在未来做到；其次，我们不需要直接合成一只小猫，我们只需要合成一个卵细胞和一个精子，它们的结构比病毒复杂不了多少。

生命的起源

生命起源的问题，其实就是要解答蛋白质和核酸这两种构成所有生物的基本化学分子，是如何在地球表面正常条件下形成的。现在的有机化学家可以相对容易地合成构成蛋白质的 20 种氨基酸，以及构成 RNA 或 DNA 的 4 种核苷酸。但是，这些物质在自然环境下是如何自然形成的？

哈罗德·尤里是一位很聪明的科学家，他提出了一个关于这件事是如何发生的有趣想法。尤里的想法基于第一章提到的行星系统起源的现代理论。这个理论说，原始的行星周围有很厚的大气层，主要由氢气和一些含有氢的化合物组成，比如甲烷、氨和水蒸气。这些化合物里的化学元素，比如氢、碳、氮和氧，正是构成氨基酸和蛋白质长链分子的元素。尤里猜测，当这些简单化合物的分子受到太阳光中的紫外线照射，以及地球上雷雨天气中的放电影响时，它们可能会结合并形成各种更复杂的氨基酸分子。为了验证他的想法，他让他的一个学生，斯坦利·L. 米勒做了一个试验。在这个试验中，他们把氢气、甲烷、氨和水蒸气的混合物放在一个试管里，连续几天对试管缓慢地放电。当他们最后分析试管里的物质时，他们发现了一些通常存在于蛋白质中的氨基酸，这为尤里的假设提供了很好的证据。大概在地球早期，当它还有由氢气和含氢化合物组成的大气层时，氨基酸在大气中不断地产生，然后慢慢地沉积到地面上，在海洋中形成浓度较大的氨基酸溶液（那些落在大陆上的氨基酸可能也被雨水冲进了海洋）。这个过程提供了一种生命所需的化学成分。

关于另一个重要组成部分——核酸的起源，我们了解的要少得多，生命离开它也不会存在。DNA 和 RNA 的分子链中含有磷原子，这些原子不太可能在大气中找到，而且在合成这些化合物时，除了紫外线辐射或放电，还需要高温。有人提出了一个大胆的假设，核苷酸可能是因海底火山活动而产生的，但是到目前为止，这还只是一个大胆的猜测。

接下来的问题是，海洋中的氨基酸和核苷酸溶液是如何演化成蛋白质和核酸，然后联合起来形成第一个能够繁殖的生命体的。我们知道这确实发生在地质时期，也就是可能在寒武纪（第一个化石出现）前几十亿年发生的。

当我们讨论行星系统的起源时，我们可以得出结论，这是一个相当普遍的现象，很多行星很可能都拥有和我们相似的行星系统。我们还看到，在这些行星的大气层中，形成生命所需的化学物质是很自然的事情。所以，很有可能，在银河系中围绕其他恒星旋转的数十亿颗行星上，也存在着和我们相似的生命在那里繁衍生息。

第九章
生命的进化

生物进化的起因

我们这些地球上的人类，把自己当作所有生物的统治者，当然这是相当公正的判断。大自然经过数十亿年的运作，从一个简单的有机分子开始，逐渐演化出复杂的生命体，比如写下这些文字的我和正在阅读这些文字的你。那么，是什么因素驱动了生物的有机进化，并创造了如此多样和复杂结构的生物？早在19世纪初，法国植物学家让·巴蒂斯特·皮埃尔·安东尼及拉马克骑士提出了一个理论，虽然这个理论现在已经过时，但苏联的植物学家特罗菲莫·德尼索维奇·李森科院士还是相信这个理论。拉马克认为，生物的进化过程是它们不断适应环境的结果，个体在一生中发生的变化会通过基因遗传给后代。例如，我们所熟知的长颈鹿，据说是因为过去的每一代长颈鹿都努力伸长脖子去够高高的棕榈树上的叶子，经过一代代的努力最终导致脖子变长。

在19世纪中叶，拉马克的观点被著名的英国动物学家查尔斯·达尔文的观点所取代。达尔文认为，生物的进化变化并不是生物不断适应环境的结果，而是像一个盲目的"试错"过程，其中出现的错误在生存斗争中被无情地淘汰。达尔文提出，大自然总是让生物繁殖得过多，如果不受控制，它们的数量会无限制地增长，最终导致空间和食物不足。这种情况下自然导致了生存竞争，在这场竞争中，最能适应环境的生物生存下来，而那些不太适应环境的就会死亡。达尔文的第二个观点是，无论小狗、小猫、幼崽、小鸟还是小树苗的后代，总是与它们的父母略有不同；这些差异中，有些可能有助于它们在生存斗争中取得优势，而大多数则是有害的；自然选择的过程让最适应的生物生存下来，它们将这些特性传给后代，一代代逐渐变得更好。与拉马克平和的适应过程相比，达尔文提出的进化机制需要牺牲许多后代，以使少数生物得以进化。

我们今天知道，达尔文关于后代特性变化的假设是完全正确的。实际上，正如我们在前一章看到的，所有生物的遗传特性都是由 4 种不同的分子单元（也就是核苷酸）在染色体中的长核酸链上的排列顺序决定的。由于热运动和来自外部的各种辐射作用，这些分子单元中的一些可能会发生位移，改变原来的顺序。这种位移导致了遗传特性的跳跃性变化，我们称之为"基因突变"，这些突变通过染色体复制机制传递给所有后代。如果达尔文知道，他在《进化论》中假设的小概率事件，例如果蝇眼睛颜色从黑色变为红色，或者玉米穗的形状和颜色的变化，实际上发生的概率很大，他一定会非常高兴。

毫无疑问，达尔文的"适者生存"理论在地球上生物进化的早期就开始起作用了，那时候最复杂的"生物"只是由各种氨基酸在海水中溶解后聚合形成的简单蛋白质。实际上，我们可以把达尔文的进化理论追溯到简单的无机反应过程中。比如，如果我们把铁粉和银粉混合在一起，然后让它们接触到氧气，会产生更多的铁氧化物和相对较少的银氧化物，因为铁的氧化速度比银快。同样，溶解在原始海洋中的蛋白质分子之间也一定发生了各种更复杂的化学反应，那些反应速度更快的分子就比其他反应慢的分子更有优势。这种早期的生命发展，或者说有机物质的发展，对我们来说是一个巨大的谜团，因为我们在那个时期的沉积岩中找不到任何生物化石。我们也不知道这些逐渐长大的有机分子是何时及如何获得复制能力的，也就是说，它们学会了产生具有相同化学特性的其他分子的能力。

生物进化的初期

由于生命最早的形式仅限于微小的生物，我们不太可能在"沉积层之书"的早期零散页面中找到这些最早生物存在过的大量证据。然而，有着很多间接证据。正如我们所说，地球上不同地方发现的厚厚的大理石层表现出原始石灰岩沉积物的强烈变质，这些石灰岩可能形成于 10 亿年以前。现在比较确定的是，较近期的石灰岩沉积物主要是由简单的微生物沉积造成的，所以我们可以在一定程度上断定，这些有机生命体的简单形式在遥远的过去就已经存在了。

地球上早期形成的沉积物中，也含有一定量的碳，这些碳以薄薄的石墨层的形式存在。虽然碳的存在也可以归因于火山活动，但石墨层在岩石中的分布使得这些碳更像是来源于有机物质的分解，并且在沉积物被推入地球深处，受到极高压力和温度时，转变成了石墨。这一切都表明，生命在几十亿年前就已经以最简单的形式存在；而"真"化石，就像我们在之后的沉积层中发现的那些化石一样，它们的缺失仅仅是因为那时的有机生命体还没有形成坚硬的骨骼，所以没能在地球历史的书页留下持久的印记。

如果我们能通过某种神奇的装置回到过去，把自己送到几十亿年前，我们会看到海洋和原始大陆的岩石斜坡看起来非常荒凉。只有仔细研究，我们才能发现生命已经在地球上存在，许多不同种类的微生物正在为生存而努力奋斗着。在地球进化的早期阶段，地面还很热，现在填满洋盆的大部分水仍存在于大气中，形成了厚厚的云层。阳光无法直接穿透到地球表面，所以能在这种潮湿的黑暗中生存的生命，必然仅限于一些不需要阳光就能生长的微生物。这些原始生物中的一些以溶解在海水中的有机物质为食，而另一些则习惯了以纯无机物为食。这种处于食物链第二级的生物的"食用矿物质"机制，今天我们还能在硫和铁细菌中观察到，它们通过摄入氧化硫和铁的无机化合物来获取生命能量。这类细菌的活动在地球表面的发展中扮演了相当重要的角色，特别是铁细菌，很可能是全球主要铁矿——沼铁矿沉积物的主要来源。

随着时间的流逝，地球表面变得越来越冷，越来越多的水汇聚到了海洋里，遮挡太阳的厚重云层也逐渐变薄了。在充沛的阳光照射下，原始的微生物慢慢地进化出一种非常有用的物质——叶绿素，它们用叶绿素来分解空气中的二氧化碳，并利用得到的碳来合成它们生长所需的有机物质。这种"靠空气吃饭"的能力为有机生命的发展开辟了新的可能性，再加上集体生活的原则，最终形成了现在高度进化且复杂的植物王国。

但是，一些原始生物选择了另一种发展方式，它们没有直接从对所有生物来说都是充足的空气中获取食物，而是更喜欢现成的碳化合物，例如由辛勤工作的植物生成的碳化合物。由于这种寄生式的喂养方式相对简单，这些生物的多余能量就用于进化移动能力，这对于获取食物是非常必要的。这些寄生生物不仅仅满足于食用植物，它们开始互相捕食，出于捕捉猎物或逃避追捕的需要，它们的移动能力发展到了现在动物界所特有的高度。基于简单的火箭原理，最原始的移动身体的结构是由志留纪早期的头足类动物发展出来的，现在的鱿鱼仍然保留着这种身体结构。这些动物的纺锤形身体被肌肉褶皱所包裹，称为"外套膜"，但这个褶皱留下了一些空间，可以被水填满。外套膜的放松让水得以进入这个腔室，而这些水通过快速的肌肉收缩以强大的水流喷射出来，推动动物以相当高的速度朝反方向移动。然而，火箭原理并不是很成功，大多数生物进化出了另一种通过延长身体的侧向波动来推动自己的方法。这种机制在海洋和陆地水域生物的发展中早已高度完善，只有像鱿鱼这样的保守生物仍然坚持旧原理。不过，值得注意的是，即使是现在的鱿鱼也拥有两个水平稳定鳍，通过这些鳍的波动来实现慢速前进。

很明显，那些身体软绵绵、容易变形的动物很难在水里快速移动，因为快速移动需要比较坚硬的流线型身体，而且肌肉的力量可以通过坚硬的"活动部件"更好地传递到水里。身体发展出坚硬部分还有两个好处，一是可以保护自己不受其他肉食动物的攻击，二是具备更好的攻击其他动物的手段。这些优势，加上生存竞争和适者生存的原则，最终使得动物世界中那些软绵绵的果冻状形态转变成了现在像螃蟹和龙虾这样重装甲、有力爪的种类。坚硬部分的发展不仅对动物自己有很大帮助，对现代的古生物学家也很有用处，他们在"沉积物之书"的页面上可以寻找到这样的遗迹。而关于过去那些身体柔软的动物的信息，只能通过它们偶尔在软沙上留下的痕迹来获取，但那些痕迹的保存概率比较渺茫（图9-1），而那些有坚硬外壳或骨架的动物可以保留在沉积层里，几乎像它们还活着一样，可以通过它们的化石来研究。整个地球的历史时期，以及地表生命的历史，严格来说，是从动物开始发展出坚硬部分或身体的时候开始的，今天的博物馆里陈列了许多贝壳和骨架，让我们能够想象遥远过去的生命形态。

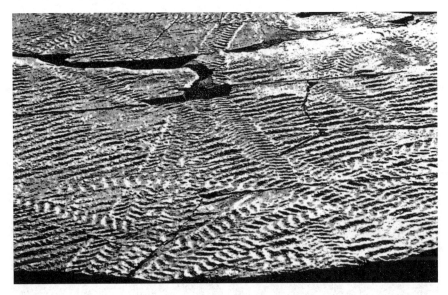

图 9-1　一块来自寒武纪时期的砂岩
（在这块岩石的表面上，可以看到一些痕迹，这些痕迹可不是古代汽车留下的，而是大蠕虫在湿沙上爬行时产生的；图片为美国国家博物馆提供）

在古生代初期，大约 5 亿年前，我们发现海洋生命已经发展到了一个相对较高的水平。如果我们走在那时的沙滩上，会发现被海浪冲上来的一簇簇绿色的海藻，我们也可以像现在很多人在沙滩上捡贝壳一样，收集到许多漂亮的贝壳。也许我们看到一些外形奇特的动物在湿沙中爬行不会太惊讶，比如现在的马蹄蟹。这些动物被称为三叶虫（图 9-2），是那个遥远过去的最高生命形式之一，可能是由软体的分节蠕虫通过皮肤硬化和分离节段融合进头部和身体进化而来的。最早的三叶虫特别小，比针头大不了多少，身体非常原始，头部没有发育，也没有眼睛。然而，后来它们得到了相当大的进化，奥陶纪和志留纪的沉积层中包含了 1000 多种高度发达的物种的化石。在它们的鼎盛时期，三叶虫的长度超过了 1 英尺，拥有非常奇特和华丽装饰的身体。然而，在这一进化之后，它们迅速衰落，二叠纪晚期的沉积层中只包含了几种这些有趣的动物。对三叶虫种族生存的最后打击显然是由地球表面发生的革命性变化造成的，正如我们所看到的，这些变化发生在二叠纪末期。地面的普遍抬升、海洋的退却和内陆水域的消失，对于这些统治地球表面超过2亿年的动物来说太极端了，这个种族在阿巴拉契亚运动的高潮中完全灭绝了。然而，有一些原始三叶虫族的分支一定经受住了进化过程中的所有危险，并且更好地适应了周围环境，使它们传承到了现在。这个古老分支的后代常常出现在我们的餐桌上，被称为虾、蟹等。

图 9-2　泥盆纪时期的沉积物中发现的三叶虫化石
（美国国家博物馆提供）

虽然三叶虫完全是海洋动物，但它们的一些近亲，被称为"板足鲎"的动物，迁移到了河流和内陆湖泊，并适应了在淡水中生活。实际上，最早的板足鲎是只有几英寸长的小生物，它们被发现在晚寒武纪时期的海洋沉积物中，而这个族群后来更发达的代表（长达10英尺！）的化石在1亿年后形成的大陆水域沉积物中大量留存。

与海洋生物相比，河流和湖泊淡水中的生命生存环境要动荡得多，也更不确定。经常发生的情况是，大陆盆地的水源会被隔绝，然后慢慢干涸。虽然生活在这些盆地里的大多数动物都会死亡，但在极少数情况下，有些个体或许能适应新环境，在陆地上继续生存。这些被迫离开水的板足鲎的后代，扩散到了大陆表面，演化成了各种不同的物种，比如蜈蚣、千足虫、蝎子、蜘蛛等。后来，它们还开始在空中活动，进化成了一大类飞行昆虫。

回到古生代早期的海洋，我们发现了另一条完全不同的进化路线（图9-3）。一些蠕虫没有在体外长出坚硬的外壳来包裹柔软的身体，而是开始在体内进化出一根坚硬的杆状物，贯穿整个身体，显然这是

图9-3 古生代早期的海岸上散落的海藻和贝壳
（那些长管状的生物是志留纪时期的直贝壳的头足类动物；而那些像蜗牛一样的形状则是圆贝壳的头足类动物。在图片的右下角，可以看到三叶虫在沙滩上快速爬行。尽管海洋生物已经大量繁殖，但陆地上几乎还没有生物居住，只有一些千足虫和蝎子等少数物种。图片为菲尔德国家历史博物馆提供）

今天鱼类和更高等脊椎动物的脊椎的原型。一个典型的处于普通蠕虫和鱼类过渡阶段的物种是现存的文昌鱼，它可能是原始鱼类的直系后代。这些看起来像蠕虫的动物与普通蠕虫不同，它们有贯穿整个身体的软骨杆，还有微小的"鳃杆"支撑着身体的侧面。人们认为，这个原始骨架的进一步发展最终形成了脊椎和肋骨，这将所有脊椎动物从更原始动物中区分出来。有趣的是，鲨鱼是记录中最早的"真正"鱼类，早在志留纪时期就已经存在，它的连续的脊椎杆部分被软骨环所取代，而完全取代只在后来的鱼类和其他更高等的脊椎动物中实现。

鱼类离开水登陆，然后进化成两栖动物和爬行动物的过程，显然和更原始的无脊椎动物向脊椎动物进化一样，也是由于相同的综合原因，并且可能都是沿着大致相同的时间路线进行。这种离开水的行为一定发生在古生代晚期，因为在上泥盆纪和下石炭纪的沉积层中有一些痕迹被解释为原始两栖动物的脚印。这些两栖动物的骨骼化石在上石炭纪和二叠纪的沉积层中大量存在，表明它们属于现在已经灭绝的、有厚重装甲和坚固头骨的动物群，因此被称为"坚头类"。

这些动物有的只有几英寸长，而有的动物，尤其是那些生活在石炭纪晚期的两栖类动物，长度可超过20英尺。值得注意的是，一些坚头类动物在前额中心有第三只眼，在现在的两栖动物和一些更高等的脊椎动物中也能找到这个非常基本的结构形式。

就像许多其他动物种类一样，古代两栖动物王国的繁荣由于阿巴拉契亚造山运动早期的气温变冷和干燥而突然停滞，但还是有一些物种一直延续到了三叠纪时期。现在，两栖动物只剩下一些数量相对较少的小型、低等的物种，比如青蛙、蟾蜍和蝾螈。然而，一些两栖动物已经完全失去了对水的依赖，迁移到了陆地上，形成了一个庞大的爬行动物王国，这个王国注定要征服大陆并稳固地统治接下来的1

亿年。

　　早期的爬行动物是慵懒的、身体较长的动物，其中有很多都长得像现在的鳄鱼。还有一些爬行动物有着非常奇特的外形，它们的背上有高高的骨质鳍，可能是用来防御攻击的（图9-4）。所有这些原始爬行动物，和现在的爬行动物一样，脚都长在身体两侧，只能通过缓慢的爬行方式在陆地上前进。直到中生代初期，爬行动物才发展出更适合奔跑的直立姿势。这种姿势的改变可能是它们能够征服陆地，并在整个漫长的地球历史中期保持主导地位的主要原因之一。

图9-4　二叠纪早期的爬行动物
(它们看起来有点像现在的鳄鱼，其他的一些爬行动物则有高高的、骨骼样的背鳍，
这些背鳍可能是用来防御的，这些动物的脚长在身体两侧，它们在陆地上缓慢地爬
行；图片为菲尔德国家历史博物馆提供)

　　与动物从海洋到陆地的迁移过程同时进行，甚至可能稍早一些，植物界也发生了类似的变化。一些陆生植物一定是从生长在潮间带沿岸的海藻演化而来，逐渐适应了海水的周期性退潮，其他的则来源于因内陆盆地干涸而不得不改变生活方式的淡水植被。最初出现在大陆表面的植被仍然非常类似于之前生活在水中的简单形态，其生长区域主要局限在造山运动间歇期的广阔浅水区和沼泽地。那个远古森林一定呈现非常阴郁和奇异的外观，几乎完全由蕨类、马尾草和苔藓

组成，它们长得非常高大（图 9-5）。所有这些都是原始的孢子植物，既不开花也不结果，经过数亿年的发展，原始植物才达到了我们今天所熟知的程度。

图 9-5　中古生代时期的森林
（这些森林大多生长在沼泽地，主要由巨大的马尾草、蕨类和块状苔藓类植物组成，这些古老的森林植物死后变成了煤炭，我们现在的煤炭资源就是由这些植物的残骸经过长时间的碳化形成的；图片为菲尔德国家历史博物馆提供）

那时候的植被生长区域大多局限于广阔的沼泽地，倒下的森林巨树树干通常被水覆盖，它们在没有接触到空气中的氧气的情况下被分解，形成了丰富的煤炭矿床。这种煤炭形成的过程以极大规模持续到晚古生代的中期，因此现在的地质学家称这个时期（公元前 2.85 亿年至公元前 2.35 亿年）为"石炭纪"。

爬行动物的辉煌时代

中生代是地球历史上一种小型爬行动物进化成的巨大怪物——恐龙在陆地上蓬勃发展的时期，这些恐龙的存在挑战了我们对其最生动的想象力。和其他许多生命形式一样，恐龙这个族群在三叠纪早期开始存在时，是一群相对较小的动物，长度不超过 15 英尺，直到三叠纪的末期才完全展现它们的辉煌。早期的恐龙体形较为纤细，拥有强壮的后腿和有力的尾巴，这有助于它们奔跑时保持身体平衡。它们在外观上与今天的澳大利亚袋鼠相当相似，除了没有毛发和拥有明显呈爬行动物形状的头部。

这些原始的三叠纪恐龙继续进化，分化出很多不同的种类，它们的大小和习性差别很大。其中最吓人的是雷克斯霸王龙，它是一种巨大的食肉动物，高达 20 英尺，从鼻子尖到尾巴末端大约有 45 英尺长（图 9-6）。与这种白垩纪的"暴君之王"相比，现在的百兽之王——狮子在它们面前就像小猫一样无害。

图 9-6　雷克斯霸王龙（右）和三角龙（左）
（雷克斯霸王龙是一种像巨大袋鼠一样的爬行动物，也是白垩纪时期的恐怖捕食者，而三角龙是已知长着角的恐龙中最大的一种；图片为菲尔德国家历史博物馆提供）

与这种远古巨型怪物形成鲜明对比的是另一种类似袋鼠的恐龙，叫作"似鸟龙"。它个子较小，有点像现在的鸵鸟。这些温和的动物可能只吃虫子，它们没有牙齿，而是有一个像鸟一样的角质喙。

除了这些依靠后腿和尾巴行走，前爪只用来吃东西或打架的大型恐龙，还有另一大类恐龙，它们在体形上与现在的蜥蜴相似，只是更大。这一类恐龙很可能是早期二叠纪爬行动物的直系后代，它们可能没有"两条腿"的亲戚那么活跃。如果在侏罗纪时期的森林里行走，你可能会遇到梁龙或者它的近亲——重达50吨、长达100英尺的雷龙，或者遇到一个巨大的剑龙，它的脊柱上布满了沉重的装甲（图9-7）。

图 9-7　雷龙（中）和剑龙（左）
（雷龙是梁龙的近亲，重约50吨，身长70英尺；剑龙沿着脊柱的皮肤上长有骨板；图片为美国国家博物馆提供）

还有很多其他种类的带角的恐龙，比如巨大的三角龙，或者是它的早期较谦逊的前辈——原角龙，它们的蛋偶然被保存下来，这让现代古生物学家感到惊讶并促使他们去探索（图9-8）。

图 9-8　戈壁沙漠中发现的一种恐龙——原角龙的蛋
（美国自然历史博物馆提供）

　　在我们探索强大的中生代巨型爬行动物王国时，我们不能忘记还有一大群动物，它们因为某些原因不满足于陆地生活，回到了海洋，并像今天的海豹、海豚和鲸鱼一样适应了新环境。中生代的水域充满了各种游动的爬行动物，它们不断地互相争斗以获取食物。那时的海洋爬行动物中最典型的代表是鱼龙，它总体形状很像鱼；还有行动略显笨拙的蛇颈龙，它一定在捕鱼活动中非常成功，因为它有长长的、像天鹅一样的脖子（图9-9）。

图9-9　中生代的海洋爬行动物
(最常见的是鱼龙，它们的形状很像鱼，还有蛇颈龙，它们有长长的、像天鹅一样的脖子，这有助于它们捕鱼；图片为菲尔德国家历史博物馆提供)

　　在爬行动物王国中最奇特的成员无疑是翼手龙，它们构成了这个帝国的"空军"。这些飞向天空的爬行动物有着皮质的翅膀、赤裸的身体和满口尖牙（图9-10）。在白垩纪时期，当爬行动物王国处于鼎盛时期时，这些飞行的怪兽达到了它们的最大体形；在已经发现的标本中，它们的翼展最大可达25英尺。

图 9-10　翼龙（左上）和史前龟（右下）

（翼龙是中生代爬行动物王国的"空军"，有赤裸的身体，有坚韧的翅膀和锋利的牙齿，在白垩纪时期，这些会飞的怪兽发展到了最高峰，一些化石标本显示它们的翼展达到了 25 英尺；图片为菲尔德国家历史博物馆提供）

　　中生代能飞行的爬行动物是今天鸟类的一个过渡形态，这一点从侏罗纪时期沉积层中发现的一些骨骼化石进行研究可以看出（图 9-11）。留下这些化石的生物被称为"始祖鸟"，它是典型的古代飞行爬行动物和现代普通鸟类的奇特混合体。这些半爬行动物半鸟类的

图 9-11　"沉降层之书"的侏罗纪部分（左）和"始祖鸟"的重建形象（右）
（美国国家博物馆提供）

生物有着类似鸟类的羽毛，但是它们锋利的牙齿、带爪的翅膀和长长的锥形尾巴显示了它们的爬行动物血统。要展示爬行动物和鸟类这样看似不同的动物群体之间的进化连续性，再也没有比这更好的样本了！

这个巨大的爬行动物王国，无论是在陆地上、海洋里还是在空中，都有数不胜数的成员，这无疑是地球上生命存在以来最强大、最广泛的动物王国。但它的结局也非常戏剧性和出人意料。在中生代末期的相对较短的一段时间内，霸王龙、剑龙、鱼龙、蛇颈龙及其他所有的"龙"好像被一场巨大的风暴席卷而去[①]，从地球表面消失了，给那些等待了超过1亿年机会的小型哺乳动物留下了自由的空间。

这些有史以来最强大的动物在地球上彻底灭绝的原因仍然不明。人们通常认为主要原因是拉拉米造山运动的预备阶段陆地普遍抬升，以及气候条件日益严酷。但是，大陆间的海洋和沼泽地的消失不可能影响到那些完全适应陆地生活的各种各样的恐龙。我们也知道很多物种，比如翼手龙，在气候变得更冷之前就已经灭绝了。还有人提出，正在崛起的哺乳动物王国直接导致了古老爬行动物帝国的衰落。当然，没有人会认为，体形不超过普通老鼠大小的原始哺乳动物能在交战中征服恐龙。但是，哺乳动物在寻找食物时，很有可能是以恐龙蛋为食，从而严重降低了这些强大动物的出生率。然而，这个假设并不能解释所有谜团，因为一些大型爬行动物，比如鱼龙，可能是直接生下幼崽，这些幼崽已经足够大，能够保护自己了。

可能最能解释爬行动物王国的衰落及其他动物群体中许多类似现象的假设是，一个物种的灭绝是由于其自然出生率的下降。实际上，

---

① 现在，这个强大王国只剩下少数几种生物了，比如鳄鱼、短吻鳄和海龟。

由于任意某个有机进化分支中的每一代都是通过前一代的遗传细胞分裂产生的，人们可能会认为，物种传承下去的遗传属性逐渐被"稀释"，原始库存的细胞逐渐变得"难以再被分化"。

我们目前对于活细胞的特性和细胞分裂过程的了解还太少，还不能确定这个假设是否正确。但是，这种"生命力枯竭"似乎是有可能发生的，整个动物和植物的种族可能仅仅是因为它们年纪太大而灭亡。这样的观点也与重演论的原则相一致。根据这个原则，每个个体在其早期胚胎阶段会重复其种族演变的所有阶段。如果一个个体的发展与整个种族的发展是相同的，反过来，这个种族本身迟早会以与它的每个个体相同的方式消亡，这个推测是合乎逻辑的。

哺 乳 时 代

从生物学的角度来看，"是从娘胎里带出来的"这句话非常有道理，因为拥有能够分泌营养丰富的白色液体的乳腺是包括我们人类在内的一大群高等动物最根本的特征。哺乳动物在特征和习性上差异很大，有些甚至像鸭嘴兽或食蚁兽那样下蛋，但是给它们的孩子提供新鲜美味的母乳这一不可打破的习惯将它们母子联系成一个紧密的整体。哺乳动物的历史可能可以追溯到古生代晚期，当时一些小型爬行动物首次进化出了产奶器官，它们对自己抚养的孩子特别关心。但是，在中生代的黑暗时期，当时陆地、海洋和空中长期被巨大的爬行动物统治，这些谦逊的、爱护孩子的动物几乎没有什么发展机会。侏罗纪时期的沉积层中偶尔发现了这些古老的哺乳动物的遗骸，它们比一只小狗大不了多少，而且最常与恐龙一起被发现，对恐龙而言，它们一定是非常美味的食物。但是，这些遗骸几乎可以在世界各地（特别是在非洲）被发现，这表明，这种新物种在生存斗争中非常成功，并包含了无限的发展可能。有趣的是，世界上唯一没有发现原始哺乳动物化石的地方就是澳大利亚，这个地方现在以鸭嘴兽、针鼹和袋鼠等原始哺乳动物的存在而闻名[①]。这一事实可能表明，哺乳动物在这个与世隔绝的大陆上的起源要晚得多，并且与世界其他地区不同，这里的哺乳动物以一种完全独立的方式进化，这是因为许多生物形态的相似性可能与类似环境中的一般进化规律有关，而不仅仅是直接遗传的结果的假设提供了一些支持。至于不同大陆上的独立进化线，人们还推测不同地区的进化速度与相应可用土地面积之间存在关系。由于生物的进步是通过"试错"的方法实现的，可能大多数是错误的[②]，人们应该预料到这种进步的速度与这个物种的个体的数量成正比。因此，进化在欧非大陆这样合并在一起的广阔的土地上应该进行得更快，而在美洲则稍慢一些，在孤立的这一小片大洋洲大陆上则要慢得多。

但是，我们不应该过于深入探讨这些目前还难以确证或反驳的推测，现在让我们回到哺乳动物进化的推测上来。正如我们所提到的，这些小动物在数亿年的时间里只是勉强生存，因为地球上所有的生存空间都被爬行动物完全占据了。但是随着在拉拉米造山运动前夕巨型爬行动物的消失，哺乳动物意外地成为大陆上唯一的统治者，并迅速发展到了极致。

在始新世时期，这个时期开启了动物世界历史上现代的开端，哺乳动物王国非常广阔，有许多可以轻易地被辨认出是我们今天所熟知动物的具有代表性的祖先。但这个原始世界的特点就是所有动物形态

---

① 袋鼠应该被看作一种哺乳动物的比较原始的形态。因为虽然袋鼠不是下蛋，而是生下还没有完全发育的袋鼠宝宝，然后把宝宝放在肚子上的一个皮袋里，直到它们完全发育成熟。

② 在一个有机生命体可能发生的所有变化中，只有很少一部分在生存竞争中有帮助，所以少数变异基因会通过自然选择的过程被长久保留下来。

都极其微小，它们花了大约 4000 万年的时间才长到如今的体型。始新世的马和骆驼大小跟家猫差不多，体态纤细的犀牛不比猪大，今天大象的祖先勉强只到人的腰部那么高。当然，那时候还没有人类，但有许多小猴子，它们可能已经在享受从树顶上扔椰子的乐趣了。当时猎食肉类的野兽叫"裂齿类"，这些动物后来发展成了两大类分支：一类像狗（狗、狼、熊），另一类像猫（猫、老虎、狮子）。

随着时间的推移，一些早期哺乳动物灭绝了，而其他一些哺乳动物则逐渐进化并增大了体形。在中新世时期，约 2000 万年以前，马已经长到了和舍特兰矮种马一样的大小，而犀牛已经成为一种强壮的野兽，不再是简单一脚就能打发的对手了。但那时最强大的动物肯定是巨大的野猪，也就是巨猪科动物，它们像牛一样高，头骨长达 4 英尺（图 9-12）。今天的大象也比祖先体型大了，它们的躯干在发展的早期阶段几乎看不出来，但随着时间的推移变得越来越长。在欧洲大陆和南亚地区，但不包括美洲，偶尔可以遇到看起来很凶猛的大型猿类——"森林古猿"，它们与今天的大猩猩有远亲关系。

图 9-12　中新世时期的巨型野猪（中前）、犀牛（左前）、马（中后）和史前骆驼（左后）
（菲尔德国家历史博物馆提供）

别忘了，直到更新世冰川时期，地球的气候要温和得多，食物也丰富得多，甚至是在北纬地区也是如此。那时，现在只在热带地区发现的动物，当时在欧洲、北美洲和亚洲北部的大部分地区都有分布。实际上，那个时期的沉积物中发现的化石遗骸毫无疑问地表明，大象、犀牛、河马、狮子、普通的和已灭绝的老虎（剑齿虎），以及许多现在只在非洲赤道地区发现的其他动物，曾在如今纽约、巴黎、莫斯科和北京等城市的位置上寻找食物。

当巨大的冰川第一次从北方地区开始扩张，慢慢地覆盖了欧洲和北美洲的大部分地区时，生活在这些地区的动植物也慢慢向南方推进。很多由于某种原因无法向南迁移的物种，在越来越冷的天气中死亡；而其他的物种则适应了这种新的气候，并进化出长而温暖的皮毛，以抵御极地冬季的严寒。

在这些地球历史上的寒冷时期，最令人印象深刻的景象之一，是一群体型庞大、长着长牙、披着厚厚棕色毛发的猛犸象，它们穿过被冰雪覆盖的大陆（图 9-13）。虽然这些巨大的长毛动物族群在几千年前就灭绝了，但在西伯利亚的苔原上仍然可以找到一些被冻结的猛犸象尸体。俄罗斯科学院的一个探险队成员甚至尝试吃了一个用冷冻猛犸象肉做的汉堡，幸好当时备有一个急救箱，才把严重胃痛的他给救了回来。

图 9-13　冰川时代一群长着长长獠牙的猛犸象
（它们身上覆盖着厚厚的棕色毛发，穿过当时覆盖厚厚积雪的亚洲、欧洲和北美大片地区；图片为菲尔德国家历史博物馆提供）

人 类 时 代

哺乳动物进化的一个重要因素是，它们的大脑的大小相对于身体的大小明显要比它们的对手大得多。这可能是它们身体恒温特性产生的结果，这与人们通常认为的"冷静的头脑比发热的头脑更好"的看法相反。在哺乳动物的王国中，有一个分支大脑的进化尤为显著，这个分支被称为"灵长类"。这些动物生活在树上，为了抓住树枝，它们的上肢发展出了抓握的能力，与陆地行走动物的爪子和蹄子形成了对比。后来，当它们从树上回到地面时，它们的下肢失去了抓握树枝的能力，而上肢则更加适应于抓握各种物体，比如椰子、棍子、石头，矛、弓和箭。

读者可能已经猜到了，我们越来越接近讨论人类进化起源的话题。人类是从不那么好看、不那么聪明的祖先发展而来的，这个过程发生在过去的 200 万年间。我们现在所说的智人，或称为思想者，可能是最早的人类进化分支，起源于晚更新世时期的非洲。1959 年，英国考古学家路易斯·李奇博士在东非发现了可能是我们所有人的祖先——东非猿人的遗骸。"东非猿人"这个名字就意味着是在非洲东部的人，他们生活在 175 万年前，是已知最早的石器制作者。20 世纪 20 年代，英国科学家雷蒙德·胡德博士发现了生活在大约 200 万年前的非洲南部猿人的化石，以及他们制造的骨制武器和猎杀的动物遗骸。

根据仅有的化石记录，这些类似人类的生物向北和向东迁移，遍布了欧洲和亚洲。大约在公元前 50 万年，爪哇直立猿人在印度东部爪哇岛上生活，而北京猿人则生活在现今中国北京的位置区域。这两个很久以前的古人看起来很像，一些人类学家认为他们属于同一类。他们的头腔，也就是包含大脑的部分，只有大约 1000 立方厘米，而现代人类的头腔有 1500 立方厘米。此外，我们必须记住，现代最大的猿类——大猩猩的大脑容量只略大于 500 立方厘米。这些个体的额头是向前的，眉骨也十分高耸，已经进化到了足够高的程度，所以我们才把他们当作我们的祖先。爪哇直立猿人以家庭为单位，他们和家人一起生活在森林中，并在洞穴中寻找庇护所。他们可能知道如何生火、制造简单的木制和石制的工具和武器。有一些迹象表明，欧洲也存在同类型的古人类。事实上，在德国海德尔堡附近发现的一块人颌骨可能就属于欧洲的爪哇直立猿人。

随着越来越多的遗迹被发现，人类进化的一个更高级阶段是尼安德特人，在亚洲、非洲和欧洲都发现了相当数量的尼安德特人遗骸。他的头骨比爪哇直立猿人的要大一些，生存技能也更多。他个子较矮，身体粗壮，肩膀弯曲，膝盖像现代猿类一样微微弯曲。他的脸很大，额头低，眉骨突出，下巴像野兽一样，后缩在里面。但是从我们的角度来看他的外表，他还是很像人类的。他能熟练地使用精美的石制工具和武器，并且是一个很不错的猎人。但是，他遇到了另一个人类分支的竞争对手，被称为克罗马农人，这个名称来源于法国西南部的莱塞齐耶村一个叫作克罗马农的岩石庇护所，在那里首次发现了他们的遗迹。克罗马农人很高大、肤色深，很英俊。他们的前额很高，显示出大脑前部的发育程度，下巴尖而突出。他们是武器制造和狩猎的专家，在闲暇时，他们会在居住的洞穴墙壁上画上狩猎的动物的美丽图画。这些图画相较于现代人类创作的所有精美画作，可轻而易举地保持其独特性。克罗马农人很可能发展出了语言文明，并且可能还能用音乐表达他的情感。尼安德特人和克罗马农人之间很可能存在激烈的竞争，后者可能消灭了前者。就这样，才有了今天的我们。

人类未来会怎样？从进化的角度来看，前景可能不是很乐观。我们看到了，从阿米巴变形虫到人类的整个进化过程，都是生物繁殖过多、生存竞争和适者生存的结果。这个过程就是自然选择，它让生物不断进步。但现在，人类也有了"人口爆炸"这样的问题，这通常被认为是件坏事，而不是人类进化的有利因素。关键是，智人用聪明才智发展出道德规范，反对杀害同类，医学也尽力延长那些本会死去、无法留下后代的病弱个体的生命。这样，自然突变产生的"坏基因"就被保留，甚至被传给下一代，而不是在生存竞争中被淘汰。这种情况让人类进化反向发展，没有进步，最多只能保持现状，甚至还有退化的风险。很难说未来几个世纪或几千年这种情况会发展成什么样子。当然，我们不可能建议家庭生 13 个孩子，只留下最好的 3 个，其他的都不要。但是，随着未来实验遗传学和生物化学的发展，我们可能会在受精前检查配子（生殖细胞），去除或修复那些突变严重的基因；我们还可能通过操控基因来优化未来的人种，比如去除像阑尾这样的遗传下来的无用的器官，增加大脑的体积。如果科学能做到这些，地球上的人类可能会在未来无限期地繁荣发展。

人口增长、食物和能源

早期的人类在与其他生物竞争中拥有许多优势，于是开始快速繁衍和扩散。到公元前20000年，他们已经越过白令海峡，在美洲开始了繁衍。可以推测大约在10000年前，智人的数量大约有1000万。在公元初期，一个更可靠的人口估算数据是3.5亿。在接下来的2000年里，人口增长非常缓慢，据估计到18世纪初，地球人口仅增加到5亿。然而在过去的两个世纪里，人口迅速增长，今天已经达到了28亿。目前，人口以每天大约10万人的速度在增加。

托马斯·马尔萨斯在1799年出版的《人口论》中首次强调这种人口增长的迹象。在这本书中，他描述了人类未来的严峻前景，并预测，不到一个世纪，农业和畜牧业将无法养活地球上日益增长的人口。他的预测结果是错误的，但是这是因为他没有预见到在19世纪，农耕技术会发展到这种程度，使得可利用土地在食品生产上能够与人口增长所需食物量相匹配。

如今，科学的农耕技术取得了很大进步，但食品增长和人口增长之间的矛盾，后者仍然占据了优势。例如，1947—1953年，世界粮食产量增加了8%，而世界人口却增长了11%。查尔斯·达尔文爵士，虽然他是物理学家，但可能继承了他著名祖父的生物学兴趣，在题为《世界人口问题》的演讲中写道："目前人口的快速增长不可能是一种平均状态，迟早会在不久的将来结束。如果有人对此表示怀疑，简单的计算就能说服他，因为很容易算出，如果以目前这种增长速度持续

1000 年——在人类历史上并不算长——地球上仍然有能够站立的空间，但没有足够的空间让所有人都躺下……"

但可能在很久之前，地球上不断增长的人口就会因为食物和能源资源的短缺而饱受困扰。我们消费的所有食物都是由绿色植物通过光合作用产生的。人类要么直接通过吃米饭、面包和蔬菜来获取这些能量，要么以一种间接但高级的方式——通过吃肉类来获取能量，而这些动物先从植物那里获得了这些能量。当陆地上生长的植物提供的食物资源被过度消耗时，人类将不得不把饥饿的目光转向海洋的植被，海洋植被的总量是陆地植被的 10 倍。我们将不得不与鱼类竞争浮游生物，并且也将鱼作为肉类的替代品。

关于能源问题，情况也同样严峻。我们使用的燃料主要是煤炭和石油，而这些资源的数量是有限的。当这些资源耗尽后，人类将不得不回到烧木柴的时代，而种植木材所需的土地面积将与种植食物的土地面积相互竞争。

读者可能会问："能不能用原子能？"是的，用原子能怎么样？我们今天有使用铀的原子能电站，它们要么作为固定的电力来源，要么用于推进动力。但是，这些核反应堆中使用的轻铀同位素在自然界中较为稀有，大家都在猜测这种能源消耗会持续多久。更糟糕的是，用现在的铀反应堆会产生大量的放射性裂变产物，这些产物必须被埋在地下或者密封在桶里扔进海洋。假设我们有足够的铀，而且我们不得不建造足够的铀反应堆来满足全人类的需要，那么处理核裂变产物的问题实际上可能无法解决。

然而，还存在一个更有前景的、令人兴奋的可能性。太阳和所有其他恒星的能量都来自一个热核反应，反应中两个普通的氢原子结合成一个重氢原子，然后构建成氦气。但很少有人意识到太阳内部产生能量的反应极其缓慢。事实上，太阳内部每单位体积产生的热量不到人体内部新陈代谢过程产生的热量的 1/1000。如果一个电热咖啡壶的加热速率与太阳内部产生热量的速率相同，那么水沸腾大约需要一年的时间——当然，这要假设咖啡壶有完美的隔热性能，没有热量损失。那么，为什么太阳会这么热？一个简单的类比将解释清楚这个问题。一方面，动物体内产生的总热量与其体积成正比，体积就是它所占的空间，以立方单位来衡量；另一方面，它的热量损失是由表面积决定的。因此，动物体积越大，其表面积相对于体积就越小，维持其体温所需的每单位体积的热量释放量也就越小。例如，一只大象大约是一只老鼠的 100 倍大，重 100 万倍，但大象的体表面积只有老鼠的 10000 倍。如果一只老鼠的新陈代谢速度像大象一样慢，它会因为身体表面损失大量热量而冻死。如果一只大象的新陈代谢速度像老鼠一样快，它会被烤熟，因为它的体温会急剧上升。那么，太阳比大象还大得多，即使其内部的核能释放速度比人类的新陈代谢慢 1000 倍，其表面温度也必须达到 6000 ℃，以便将能量辐射到周围的空间（图9-14）。

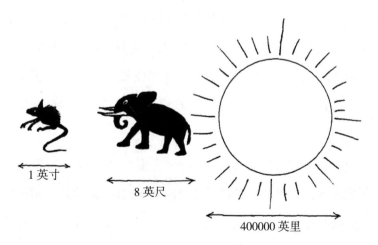

图 9-14　物体内产热率（新陈代谢）会随着体积的增大而减小

因此，即使能够实现在太阳和恒星中产生的热核反应，对我们来说也没有任何实际价值。但是，如果我们不使用普通氢（像太阳和其他恒星那样），而是改用重氢（即氘），反应会进行得快得多。据计算，在 100 万℃的条件下，重氢中的核反应每克每秒会释放 1 卡路里（图 9-15），在 300 万℃时大约每克每秒释放 1000 卡路里（1 卡路里为将 1 克水加热 1 ℃所需的热量）。

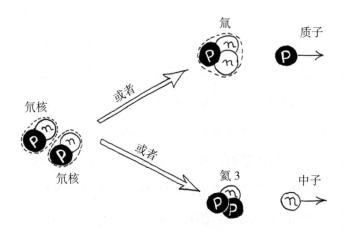

图 9-15　两个重氢原子核反应释放核能的两种方式

重氢与铀混合时，会产生所谓的氢弹，这些氢弹的爆炸力可以达到几百万吨级。但是，尽管制造这种炸弹相对容易，更困难的任务是控制重氢中的热核反应，以便能以任何所需的强度稳定地释放能量。过去 20 年来，美国、苏联及其他国家都已经对这个领域的工作进行了严格管理，但尽管付出了所有努力，到目前为止的结果还是不够理想。

然而，正如科学和技术的历史上常发生的那样，如果某件事在理论上是可行的，人类的聪明才智迟早会将其付诸实践。很可能，控制热核反应的秘密很快就会被揭开。重氢热核反应堆将比现在的铀反应堆有着巨大的优势。含有重氢的重水在海洋中约占 0.02%，而且众所周知从普通水中分离出重水是一个相对简单的过程。重氢中的热核反应不会产生任何危险的放射性元素，因此不存在处理反应产物的问题。反应的主要产物将是速度很快的中子和质子，它们会被立即用于将释放的核能转化为电流或其他的能量形式。

有趣的是，我们可以计算一下海洋水中的重氢能为人类未来提供多长时间的能源。海水的总体积是 3.3 亿立方英里，每立方英里的水含有 5 亿吨的氢原子。总共是 165 万亿吨氢，其中 0.02%——也就是 33 万亿吨——是重氢。我们知道，1 克重氢的核反应能释放 180 亿卡路里的能量。因此，海水中重氢的总核能是 6×10^{21} 卡路里。

人类目前的能量消耗是多少？由于未来能源充足而农田不足，可以合理假设人类将不再利用太阳的能量来种植农作物，而是利用重氢的核能将元素合成食物。这种合成在我们现有的有机化学知识下是可以实现的，如果能够进行大规模生产，成本肯定可以大大降低。一个人每天健康的饮食需要摄入 30 万卡路里，因此要养活目前地球上 28 亿人，每年需要消耗 3×10^{17} 卡路里的能量。世界电力生产（主要是通过燃烧煤炭）所消耗的能量大致相同，而在燃烧汽油和天然气的产业中需要的能量略多一些。因此，可以说人类目前每年约使用 10^{18} 卡路里的能量。假设将核能转化为食物、机械和电力的效率为 10%，并将储存的总能量平分到人类目前的每年所需，我们会发现这些储存的能量将持续 600 亿年！

记住，我们的太阳系只有 50 亿年的历史，根据下一章将要介绍的内容，太阳还会像今天这样发光发热一直持续到下一个 50 亿年。即使人类数量增加到现在的 10 倍，这可能接近查尔斯·达尔文爵士所说的地球上可供每个人使用的站立和躺卧空间，到那时从海水中的重氢获得的能量也会持续到太阳存在的最后一天。因此，在未来 50

亿年，地球上的生命没有什么需要担心的。考虑到本章前面提到的生物学论点，认为智人这个不到 10 万年的物种将在未来 50 亿年继续生存是不现实的。

　　更有可能的是，智人的位置会被其他某种聪明的物种取代，这个物种是从某些啮齿类动物还是昆虫进化而来，我们不得而知。

第十章
地球的未来

地球未来的短期预测

我们之前学过，地球存在了大约 50 亿年，这期间发生了一系列单调的重复性变化。地球内部的板块活动导致地壳发生褶皱，形成了高耸的山脉。雨水慢慢冲刷这些新形成的山脉，碎石沉积在海底，把大陆表面削减成了沼泽平原。接着，地壳破裂，又形成新的山脉，这些山脉也会被雨水冲刷掉，这个过程不断重复。地质证据显示，造山运动（形成山脉的过程）在过去反复发生，每次间隔 1 亿～ 1.5 亿年。我们没有理由怀疑，地球表面在未来几百万年的变化会和过去不同。我们现在生活在最近一次造山运动（拉勒米）的末期，这次运动大约始于 7000 万年前。这就是为什么现在我们能看到落基山脉、阿尔卑斯山或喜马拉雅山等美丽的山景。再过几百万年，现在这些壮丽的山景将被冲刷掉，大陆表面会是荒芜的、如同沼泽一般，甚至会被隐藏在浅海之下。然后，新的山脉会再次升起，这正是登山运动员所喜欢的，不过到那时就不一定有人类了。

地球表面的一些微小的变化虽然很慢，但的确就在我们的眼前发生着。现在，两极的冰冠覆盖了大约3%的地球表面，它们是上次冰河时期更大冰层留下的遗迹，这些冰冠正在慢慢地融化。一方面，就像第六章提到的，每年冰层的厚度都会减少大约2英尺，融化的水流入各个海域当中，每年会使海平面上升1英尺，慢慢地淹没大陆的沿海地区；另一方面，根据地壳均衡说，一些地区的陆地正在慢慢被抬升，而另一些地区则在下沉。大陆表面逐渐抬升，至少部分原因是极地冰层融化导致的质量减少。

与这些地表特征变化相关联的是不同地区气候条件的变化。比如，在过去的30年里，北美洲和北欧的年平均温度升高了几度。地球在过去的地质时代里的气候和现在很不一样。就在大约4万年前，厚厚的冰层从北方高地蔓延下来，一直延伸到北美的纽约市，并超过欧洲的巴黎和柏林现在的位置。在地球史早期，现在的格陵兰岛，是一片厚厚的冰层，大约2英里厚，但那时却覆盖着橡树和栗树这样的树木，当时在水域里有丰富的珊瑚礁，现在只有冰山漂浮在水面上了。

冰川的交替前进和后退，改变了当地的景观和气候，这很可能是地球围绕太阳运动时公转轨道的微小变化导致的。实际上，米兰柯维奇计算过去25万年地球接收到的太阳热量与地质数据中那段时间气候变化的情况非常吻合。如果米兰科维奇是对的，我们也应该能够预测未来的气候，因为天体力学可以告诉我们未来10万年地球公转轨道运动的变化。虽然这些计算不太精确，但它们表明北半球目前的变暖期将持续大约2万年。到了5000年，波士顿的气候可能会像现在华盛顿的气候一样；到了10000年，和现在的新奥尔良差不多；到了15000年就和迈阿密一样；到了20000年，就和新印度群岛一样。然后，由于地球运动的进一步变化，情况将逆转，巨大的冰舌将再次向下移动，覆盖住像蒙特利尔、奥斯陆和斯德哥尔摩这样的城市，并威胁到芝加哥、波士顿和伦敦。这个广泛的冰川期将再次被一个长期的变暖期所取代，下一个冰川期预计要到大约 90 万年后才会出现。就这样，只要现在的山脉还屹立在地球表面，这样的周期就会一直持续下去。

当雨水冲刷掉山脉，大陆表面再次变得平坦时，冰川会消失很长一段时间，直到地壳的下一次褶皱再次形成新的山脉。就这样，只要太阳还在天空中照耀，这个过程就会一直循环下去。

地球未来的长期预测 [①]

太阳会照耀多久？因为地球上发生的一切几乎都依赖于太阳发出的光和热，所以地球遥远的未来自然与太阳的未来紧密相连。我们知道太阳已经为地球提供了 50 亿年的光和热。那么，太阳未来还会坚持多久？要回答这个问题，我们需要知道太阳以如此高的速率向太空释放能量的来源是什么。

很久以前，人们以为太阳像火炉里的木柴一样燃烧。实际上，根据希腊传说，火是由一个名叫普罗米修斯的英雄带给人类的。但我们可以很容易地计算出，即使太阳是由最好的航空汽油和纯氧混合而成的，按照现在燃烧的速度，它也坚持不了几千年。在上个世纪中叶，英国物理学家开尔文勋爵和德国物理学家赫尔曼·冯·亥姆霍兹各自独立提出了一个当时看起来很有前景的假设。我们知道，如果气体在活塞筒里被快速压缩，它就会变热。用手推动活塞所做的机械能转化

---

① 关于恒星的演变，特别是我们的太阳，更详细的讨论可以在作者的《太阳》(是《太阳的诞生与衰亡》的改写本) 中找到。

为热能，机械功和产生的热能之间存在一定的关系。开尔文和亥姆霍兹想象太阳是一个在牛顿万有引力作用下的巨大气体球。当太阳最初由稀薄的星际物质凝聚而成时，它可能非常冷、不发光。然而，在相互间万有引力的作用下，这个巨大的低温气球体逐渐收缩，这些引力所做的机械能转化为热能，使气体变暖。因此，太阳最终达到了现在的状态，其表面温度约为 6000 ℃，比内部温度更高。接受这个假设，我们可以计算出太阳可能已经存在了几亿年，未来可能还能存在同样长的时间。在开尔文和亥姆霍兹提出的假设中，太阳的寿命看起来相当长，太阳演化的收缩理论毫无异议地被接受了。然而，后来地质历史时期的扩展，需要以太阳过去存在了超过几十亿年为基准，这使得太阳能源产生理论陷入了严峻的考验。似乎自然界不存在足够强大的能源，能够维持太阳辐射这么长的时间。

这个谜团在 19 世纪末，法国物理学家亨利·贝克勒尔发现了放射性现象时，找到了答案。而在 20 世纪初，英国物理学家罗斯福勋爵展示了较轻原子可以通过人工转换为其他轻原子，并释放出巨大的能量。原子核中隐藏的能量，比普通化学反应（比如燃烧）所产生的能量要大百万倍。虽然汽油燃烧只能让太阳维持几千年，但核能源可以将这个数字提高到几十亿年！

要更详细地研究这个问题，我们需要更多关于太阳内部的物理条件和核反应速率等信息。20 世纪 20 年代初，英国天文学家阿瑟·爱丁顿爵士提出了一个关于太阳内部结构的理论，这使得我们能够计算出太阳发光表面以下的压强和温度。他得出了一个惊人的结论：太阳内部的气体密度是水的 100 倍（是汞的 7 倍），太阳表面的温度只有 6000 ℃，但在太阳中心附近，温度会上升到惊人的 20000000 ℃。

在同一时期，人们对核反应过程的理解取得了巨大进展。在德国的 G. 伽莫夫和在美国的 R. 格尼和 E. 康登团队，同时提出了放射性的量子理论。这个理论帮助我们理解了为什么一些放射性元素可以存在数十亿年，而其他元素在极短的时间内就会衰变。伽莫夫还提出了一个公式，用来计算高能粒子轰击原子核时人工转换的速率。这个公式与罗斯福的实验结果完美吻合。英国的 R. 阿特金森和澳大利亚的 F. 霍特曼斯，使用爱丁顿提供的太阳内部的物理条件数据，以及伽莫夫的热核反应速率公式（即由极高温度引起的核转换），计算出了太阳内部通过氢和其他轻元素之间的热核反应能产生多少能量。他们的计算结果与实际观测到的太阳能产出速率非常吻合。

进一步的研究证明，有两种不同的热核反应涉及氢，它们就是太阳和其他所有恒星的能量来源。其中较简单的一种是由美国物理学家查尔斯·克利茨费尔德提出的，这个热核反应开始于两个氢原子的碰撞，由于温度非常高，它们以质子的状态存在。当两个质子在恒星炽热的内部相互碰撞时，它们通常会像两个台球一样被反弹回来。但偶尔也会发生其他情况。在碰撞的那一刻，当 2 个质子接触时，其中一个会释放出 1 个正电子，从而变成 1 个电中性的粒子，称为中子。由于质子和中子之间没有排斥力，这 2 个粒子会结合形成一个氘核，这是重氢原子的原子核，它具有与普通氢原子相同的化学性质，但重量是氢原子的 2 倍。下一步一个这样形成的氘核与另一个质子发生碰撞。这导致了一个氦原子核的形成，与普通氦相比，普通氦核是氢核重量的 4 倍，而它只有 3 倍。再后来，这样两个氦核之间碰撞形成了一个普通氦核，并释放出两个质子（图 10-1a）。这一系列热核反应的净结果，被称为"氢 – 氢反应"，是将 4 个氢原子转化为 1 个氦原子，并释放出相当大量的核能。在太阳内部获得的高温的情况下，"氢 – 氢反应"进行得非常缓慢，需要 30 亿年才能完成。但由于在太阳内部的每克物质中，有 10^{24} 个这样的反应同时进行，产生的总能量正好足够提供太阳辐射所必需的能量。

　　还有一种稍微复杂一点的热核反应，叫作"碳循环"，是由美国的汉斯·贝特和德国的卡尔·冯·魏茨泽克同时提出的。在这个过程中，4 个氢原子合并成 1 个氦原子，需要 1 个碳原子核的帮助。碳原子核会一个接一个地捕获 4 个质子，并将它们合并成 1 个氦原子核（图 10-1b）。对于太阳来说，碳循环只需要 600 万年，但由于太阳物质中碳的含量很低，它的净产能率是直接"氢－氢反应"的净产能率的 1% 左右。然而，在更亮的恒星中，比如天狼星，"碳循环"比"氢—氢反应"更占优势，它的能量的产出更接近贝特—魏茨泽克的结果而不是克利茨费尔德的方案。但无论热核反应采取哪种方向，它都导致氢转化为氦，并伴随着大量核能的释放。

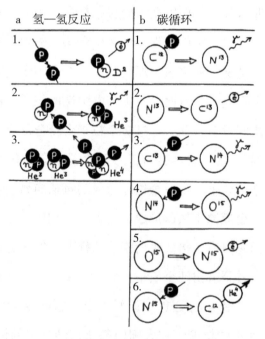

图 10-1　在恒星炽热的内部发生的两种热核反应
（在图 b 中，复杂原子核的质子和中子结构没有显示出来）

　　因为热核反应的速率随着温度的升高而迅速增加，所以大部分能量释放发生在太阳的核心处，那里的温度最高。围绕着中心的太阳物质中约有 10% 都参与到了产能过程中，其余的物质在能量加热下则形成了核心外侧的太阳幔层。知道了太阳发生反应核心处的氢的含量，以及它转化为氦的速率，我们就可以计算出太阳的总寿命大约是 100 亿年。根据天文学和地质学数据，我们的太阳现在大约 50 亿岁，所以我们可以得出结论，它还有 50 亿年的寿命，在整个寿命期间，它将保持与今天大致相同的状态。

　　50 亿年后，当太阳中心处的所有氢都用尽时，又会发生什么？这个问题可以从理论和实际观测两个角度来回答。当然，与人类历史相比，恒星的变化过程非常缓慢，我们无法通过研究任何一颗单独的恒星的变化来观察到这种进展。整个人类史和史前史在一个恒星的生命中只是一眨眼的工夫，我们根本注意不到它的变化，即使从第一个原始人抬头望向天空的时候到现在也发现不了。对于恒星演化有一个重要的观点：越大越亮的恒星，就越快地按其经历的连续的演化阶段发展下去，仅仅是因为它消耗其中的氢要比其他微弱的恒星快。由于形成我们银河系的大多数恒星都起源于同一时代，也就是银河系本身形成的时候，我们应该期待其中的恒星在今天正处于各自演化过程的不同阶段。暗淡的恒星非常节省地使用它们的氢能源供应，预计它们现在仍然处于鼎盛时期，而十分耀眼的恒星，像"一支蜡烛两头烧"一样，可能很久以前就用尽了它们的氢供应，或者现在正处在消耗殆尽的阶段。因此，当我们仰望天空时，我们看到了处于不同进化进程中的各种不同阶段的恒星——就像同一天出生的小猫、小狗、小鳄鱼和婴儿，时间久了它们会处于不同的成长阶段。这种环境为我们提供一种可能，让我们可以把对太阳未来的理论预测与所观测到天空中不同恒星的不同演化阶段进行比较。

关于太阳未来的这一理论告诉了我们什么？就像之前提到的，太阳现在处于它生命周期的中间，已经过去 50 亿年了，未来还有 50 亿年。当遥远的未来到来之际，太阳核心中的氢会被完全耗尽，这时在太阳的结构中会发生非常重大的变化。随着所有内部燃料的燃烧，"原子核之火"将扩散到外层，这里还有大量未燃烧的氢。由于这个过程会从热核反应发生的区域逐渐接近太阳表面，所以太阳的体积将会开始扩大，它将辐射出越来越多的光和热。

同时，现在大约是 6000 ℃的太阳表面温度将降至这个数值的一半左右，遮盖住一部分天空的巨大太阳圆盘将只会处于红热状态，而不是现在的白热状态。在它的扩张过程中，太阳先吞噬了离它最近的水星和金星，它红热的表面将向地球逼近。我们需要比现在更精确的计算才能预测太阳是否也会吞噬地球，并继续向火星膨胀。不过，就算计算结果表明太阳的膨胀不会到达地球，地球上的海洋也会沸腾，地表上的岩石也会变得红热。从天文学的角度来看，这种膨胀发生得相对较快，与太阳 100 亿年的寿命相比，膨胀只需要约 1 亿年。如果我们将太阳的寿命与人类的平均寿命相比，这种死亡挣扎就对应着最后的 6 个月或 1 年的时间。但是，从人类的角度来看，这些条件开始会进展得很缓慢。如果地球的温度在 1 亿年内上升 200 ℉，那么每世纪的增长率只有 0.0002 ℉，也就是说，这比当地的气候因素对气候产生的影响还要小一些。

我们有没有观察到的证据来支持这个第一眼看上去精彩绝伦的预测的？有的，而且有很多。就像我们之前提到的，比太阳更大更亮的恒星的反应进程相应地要快得多。当我们的太阳还处于中年阶段时，这些恒星已经走到了生命的尽头，正处于不同的死亡阶段。像"心宿二"和"参宿四"这样自古就为人所知的恒星，在夜空中像鲜红的灯笼一样闪耀，被现代天文学家归类为"红巨星"。最近的研究表明，虽然这些恒星的质量比太阳大几倍，但它们的直径却超出了太阳直径的几百倍。毫无疑问，红巨星的那些"原子核之火"从中心向外扩散，将它们膨胀成巨大的红热稀薄气体的巨型球体。可以肯定的是，我们的太阳在 50 亿年后也会进入这个阶段。

基于对太阳内部发生的过程进行数学研究，人们大致了解了太阳现在所处的阶段及未来会成为"红巨星"的宿命，但是这必须依赖于有关观测演变的后期阶段所得到的证据。比较确定的是，当一颗恒星到达"红巨星"阶段的极端时，它内部的所有核能都会被完全耗尽，而接下来的演变只可能伴随着光芒逐渐减弱的缓慢收缩。处于那个阶段被观测到的恒星表现出非常奇特和不稳定的行为。当诸如太阳这样的普通（成年）恒星和像参宿四这样的红巨星（老年）恒星，都以同样的亮度发光，而恒星演化过程的收缩阶段特征就是亮度的巨大变化。最初，收缩恒星的体积会经历一系列脉动，其亮度的增加或消失的周期从 1 天到 1 年不等（造父变星阶段）。接下来，这些规律的脉动变成了周期性的温和爆炸（双子座 U 形星阶段），这些脉动的频率逐渐变得越来越低，但变得越来越剧烈。最终几亿年之后，一场剧烈的爆炸为它画上了句点，这场爆炸就是超新星现象。仅一夜之间，恒星变得比前一天亮百万倍，它的大部分物质以每秒数千英里的极高速度被投射到周围的空间中。一两年之后，这场绚丽的烟火褪去了颜色，这颗恒星所剩下的部分看起来就像是一个非常小却集中着热量的物体，它之所以发光，只是因为其内部储存了大量热量。这些便是白矮星，在我们的银河系中可以找到十几颗或是二十几颗，它们是还没有冷却变暗的没有生命的恒星，是完整又丰富的恒星生命所留下的冰冷残骸。

从现在起往后的 50 亿年，当太阳经历这些恒星最后消亡的痛苦时，地球又会发生什么变化？由于爆炸产生的热量无疑会熔化掉所有在太阳系中和平共处了 100 亿年的行星，太阳爆发出的炽热气流甚至可能会将熔融的行星从太阳系中扔出去。当爆炸的能量耗尽时，太阳和它的行星们就会逐渐冷却到接近星际空间的温度，也就是零下几百摄氏度。

诗人罗伯特·弗罗斯特写道：

"有人说世界会在火焰中结束生命，

有人说是在冰中……"

这两个预测当然都是正确的！